湖北省社科基金一般项目（后期资助项目）成果

产品美学价值的设计创新路径研究

Research on Design Innovation Path of
Product Aesthetic Value

马宏宇 著

图书在版编目(CIP)数据

产品美学价值的设计创新路径研究/马宏宇著.—武汉：武汉大学出版社,2020.6(2022.4 重印)

ISBN 978-7-307-21421-7

Ⅰ.产…　Ⅱ.马…　Ⅲ.产品设计—艺术美学—研究　Ⅳ.TB472

中国版本图书馆 CIP 数据核字(2020)第 015275 号

责任编辑:谢群英　邓　喆　　责任校对:汪欣怡　　版式设计:马　佳

出版发行：**武汉大学出版社**　(430072　武昌　珞珈山)

(电子邮箱：cbs22@ whu.edu.cn　网址：www.wdp. com.cn)

印刷:武汉邮科印务有限公司

开本:720×1000　1/16　印张:17　字数:234 千字　插页:1

版次:2020 年 6 月第 1 版　2022 年 4 月第 2 次印刷

ISBN 978-7-307-21421-7　定价:46.00 元

前　言

产品美学一直是学者和企业所关注的话题。1851 年在英国伦敦举办的第一届世界工业博览会就引起全世界思考现代产品美学和设计创新的问题。回顾近一百年的工业设计史，不难发现产品美学价值随着社会经济进步而日显重要：20 世纪二三十年代，以雷蒙德·罗维(Raymond Loewy)为代表的设计师，以通用汽车为代表的企业通过美学设计提升产品商业价值和竞争力，彰显了产品美学的价值；得益于战后经济的复苏和快速发展，20 世纪 60 年代被经济学家认为是大审美经济开始的时代；20 世纪 80 年代末，英国的迈克·费瑟斯通(Mike Featherstone)提出“日常生活审美化”概念，明确指出审美活动已经超出纯艺术、文学的范畴而渗透到大众生活，即艺术和审美已进入日常生活中的一切，特别是所用产品以及所处环境被审美化。在中国，随着改革开放的深化，20 世纪 90 年代开始，市场竞争明显加剧，企业不得不开始注重产品美学价值，关于产品美学的著作开始涌现。此后，审美文化日益繁荣，文化创意产业的发展和艺术品消费的走热更使得产品美学价值的地位得到全面提升。

然而，不难发现 20 世纪的产品美学现象存在两个特征：一是产品美学设计以造型和外饰为主；二是产品美学设计是企业迫于竞争压力不得不做出的商业促销手段。如今，社会发展已经进入审美经济时代，消费者的审美品位和消费能力得到双重提升，日常消费由废旧淘汰转变为审美疲劳淘汰，审美已经成为一种生活美学。党的十九大报告指出，当前我国社会的主要矛盾是人民日益增长的美好生活需要和不平衡、不充分的发展之间的矛盾。与此同时，供给侧改革在不断深化，创新驱动已经成为国家发展的战略。产品美学设计已经不是一种单纯的市场竞争手段，更是一场发自消费大众内心的审美必需。

我们已经迎来体验经济时代，处于一个工业社会、信息社会与体验经济社会叠加的时代。产品设计、交互设计、服务设计以及相互之间的融合设计等产品创新设计形式同时存在。新产业、新业态、新商业模式正在颠覆传统产业和原有商业模式，也在改变着人们的固有观念。新技术、新网络、新能源正在不断被应用到现有产品，带来数字化、网络化、电气化和智能化的全产业发展。“艺术+科技”的双轨驱动模式已经成为越来越多的企业发展的战略选择。原有的简单的造型和外饰设计难以满足商品竞争和消费需求，原有的产品美学观念和设计方式难以适应新时代的变化。产品美学价值的体现形式也不可能只是外形和视听效果的感受。因此，产品美学及其设计创新需要引起我们更全面、更系统的思考。

产品美学及其设计创新涉及美学、设计学、市场学等多学科领域，也存在于产品美学、设计美学、技术美学、工业美学等诸多细分和交叉领域，探讨其概念、价值和设计创新着实是一项具有挑战而十分具有意义的工作。该主题是笔者的博士论文研究方向，笔者刚开始也不知从何下手，通过不断搜集和整理相关资料，在导师胡树华、师兄牟仁艳的指导下不断思索，慢慢才有了研究思路。论文立足设计学，从审美经济学、设计学、管理学和心理学融合交叉的视角，对产品美学价值的概念和内涵、设计创新原理、设计创新的维度和实施路径进行了系统化思考，力求让消费者和企业对产品美学价值和内涵有更系统和全面的了解，希望丰富产品美学设计的创新理论。论文撰写过程中除了得到导师和师兄的指导与帮助外，还得到潘长学、邱松、许开强、雷绍锋、杨先艺、管顺丰、喻仲文、晏敬东、侯仁勇、王宗军、冯中朝、程国平等诸多教授和老师的指导和修改建议。

该书内容在博士论文基础上经过多次修改，其间得到王圆圆的大力帮助。论文最终能付梓出版成书，还要感谢湖北省社科基金和工作学院的资助与支持。

必须指出，本书内容是学习和继承国内外诸多相关研究成果的结果。在撰写过程中，笔者参考和引用了许多学者的论文、专著和报告，以及一些网站和资料库的图表资料，这些前期成就构筑了本书的研究基础，在此对相关学者和资料分享者表示衷心感谢。作为一部理论探讨性著作，书中内容还有待于进一步研究，如有不妥之处，敬请各位读者、专家指正。

马宏宇

2020 年 1 月

目　　录

第一章　导　　论

第一节　研究背景

随着科技水平和社会经济的不断发展，社会物质产品变得越来越丰富，产品设计生产的理念已经由“以制造为导向，以产品为核心”转变为“以市场为导向，以用户为中心”①。用户消费观念由注重基本性能转向为偏重风格款式等审美特征和使用体验。大多数消费者对商品都会从审美角度进行评价和选择，而且消费者的审美品位和判断能力已经得到双重提升。在此背景下，设计创新与美学经济顺势结合，正在成为社会发展最重要的生产力。

一、产品美学价值的消费需求不断扩大

“审美经济”也被称之为“美学经济”或“体验经济”。审美经济形态随着20世纪70年代欧美经济的快速发展而诞生，随着“日常生活审美化”现实需求的增长而走向繁荣。以产品的实用功能和一般服务为重心的传统经济被以“实用与审美、产品与体验相结合”的美学经济所取

① 范圣玺．行为与认知的设计：设计的人性化[M]．北京：中国电力出版社，2009：61.

代。① 审美文化与商业运作结合越来越紧密，消费者也越来越重视产品的审美性、舒适性和消费体验。进入 21 世纪以来，伴随着社会审美需求的不断扩大和审美经济在文化创意产业中的发展，审美经济不仅成为社会所关注的经济现象，而且成为我国学术界，特别是美学和经济学领域交流讨论的热点，许多学者提出要构建“审美经济学”或“经济美学”学科。

审美经济的进一步发展是非物质社会发展的必然，非物质设计②正在成为产品价值和企业价值实现的关键因素。产品设计对非物质因素，比如审美和体验等心理因素考虑越来越多。日常消费中“由废旧淘汰转变为审美疲劳淘汰”的现象越来越普遍，审美已经成为一种“生活美学”。面对整个社会的“趋美”消费心理，企业在研发设计和生产决策中，就需要考虑产品审美因素，否则产品难以被市场接受。企业不能只将产品的物质和技术作为市场竞争的核心，更要意识到审美已经成为一项全球性的竞争策略。“艺术+科技”的双轨驱动模式已经成为越来越多企业的发展模式。由此可见，产品美学价值被认同的地位越来越高，设计的需求也就越来越大。如何通过设计创新提升产品美学价值，从而为用户创造更多体验价值和为企业创造更多经济和社会价值是企业和设计者不得不重视的问题。

二、产品美学价值的设计要求不断提高

根据美国学者迈克尔·波特(Michael E. Porter)在国家竞争优势理论中提出的国家发展四个阶段，欧美主要发达国家在 19 世纪和 20 世纪就经历了创新驱动发展阶段。20 世纪末，我国由于历史原因社会经济发展不及欧美国家，但是也较早地意识到创新的重要性。自 2005 年国

---

① 参见：凌继尧，等．艺术设计十五讲[M]．北京：北京大学出版社，2006：43.

② 非物质设计的含义是相对于物质设计而言的，它最早是由历史学家汤因比提出。非物质设计强调了产品设计中物质以外的因素，如内涵、交互、体验等。

家正式提出自主创新战略以来，技术创新和设计创新日益受到重视，社会发展正处于投资导向向创新导向过渡的阶段，党的十八大以来创新处于国家发展全局的核心位置。

设计创新为欧、美、日、韩等发达国家和地区的经济结构转型和可持续发展发挥的巨大效应有目共睹。我国设计创新起步虽然晚，但当前诸多政策和措施正在为设计，特别是工业设计的快速发展提供了难得的历史契机，也为企业产品创新发展提出了新的更高的要求。中央到地方政府的“十三五”规划发展中都明确提出增强生产性服务业，特别是工业设计的发展。Mowery 和 Rosenberg 于 1979 年就提出供给推动和需求拉动相辅相成的“双因素说”，即供给和需求都是创新成功的重要决定因素。当前我国正大力推进供给侧改革，以此期望改善消费来源，激活消费源动力。与此同时，以依靠代工生产获取薄利的中国企业遇到更低成本的东南亚新兴代工企业的挑战。依靠设计创新创造价值将成为许多企业不得不面对的话题。在此环境下，产品美学价值的设计创新绝对不能只是外观的装饰性设计。如何在产品创新中融入美学，甚至以美学价值提升产品创新的竞争力是企业必须重视的问题。

三、产品美学价值的设计形式更加多元

设计范式是指在一定历史时期中，在设计观、设计理论、设计方法和技术手段等层面公认的或具有支配地位的体系或范例。“一个设计范式是设计学科共同体进行常规研究的一个基础和平台；只有在设计范式形成的基础上，设计共同体才有可能进行更深入的研究，对设计范式提出的各种问题进行论证。”①工业革命诞生的最初一百年社会生产处于手工艺和适应机械化大生产的过渡阶段，德国包豪斯的成立标志着以制造技术为基础的“产品设计”模式诞生。20 世纪 80 年代以后随着信息技术

① 张小开．多重设计范式下的竹类产品系统的设计规律研究［D］．江南大学，2009.

的发展，“交互设计”模式已经越来越普遍。如今，随着社会经济发展主导力由制造经济向服务经济转变，设计正在迈向一个新的设计范式——“服务设计”模式。

“广泛的需求是设计创新的社会动力。”①人物质上和精神上的不同需求，必然会促使相应的产品设计形式丰富多样。虽然我国由于地区之间发展的不平衡和消费者选择地多样性，当前处于一个工业社会、信息社会与体验经济社会叠加的时代，产品设计、交互设计、服务设计以及相互之间的融合设计等产品创新形式都有存在，但是产品设计数字化已经成为主流，并且已经向网络化和智能化方向发展。在此背景下，产品的设计创新不应该只是造型和装饰的创新，产品美学价值的体现形式也不可能只是视听效果，而必将包含更深更广的维度。

四、产品美学价值的传播途径更加便捷

互联网特别是移动互联网的快速发展及其与商业的结合，不仅正在改变人们在生活、工作、娱乐等各方面的习惯，而且正在促进传统产业改造升级，优化社会资源配置，加速社会经济的发展并促进新业态、新商业模式、新服务的不断涌现。互联网经济下，企业产品营销由实体为主转变为以虚拟为主，虚拟与实体融合的发展趋势；企业对用户、产品、营销和创新，乃至价值链的战略、业务、流程、组织等多个层面和生态系统都需要用全新的思维审视。互联网改变了产品、服务和传播的服务通路，去中心、异质、多元和感性正成为时代主题，自媒体和各种网络互动平台让企业更注重消费者的情感诉求。

互联网经济给消费领域至少带来如下几点改变：(1)消费者能在同一时间做到“货比多家”，缺乏美感的产品很难满足消费者“挑剔”的眼光；(2)网络化、智能化、个性化的生产和配送方式大大降低了设计实

① 辛向阳．广泛需求：创新设计的社会驱动力[J]．创意与设计，2014(3)：8-9.

现的经济成本和时间成本，能够最大限度地满足消费者的个性需求；(3)网络平台和自媒体的消费体验记录和评价对产品品牌形象的传播越来越重要，用户参与产品设计的现象越来越多。因此，“美”的产品更容易吸引消费者，产品“美”的设计和体验更容易通过各类网络渠道得以迅速传播。

第二节　研究目的与意义

一、研究目的

对于产品美学的重要性以及产品美学设计的具体方法在艺术学学科内已经得到广泛研究，相关文献资料十分丰富。产品美学或商品美学研究目的是通过提高产品的美学价值达到的。然而产品美学价值该如何解释，有何特征，它的创造过程如何，这些问题在现有文献中虽然有所涉及，但是缺乏系统论述。从这些问题出发，本书研究的目的主要有以下两点：

(一)界定和拓展产品美学价值的内涵，丰富产品美学价值理论研究

虽然审美经济时代已经来临，但是许多消费者和企业受传统观念的影响，对产品美学价值仍然存在狭隘认识：认为产品美学价值是吸引眼球、玩花样的东西，产品美学价值的设计创新只是造型和装饰的改变，是技术与功能的点缀和美化。这种片面性的认识不仅导致一般消费者认识上的偏颇，而且导致一些企业只注重产品的外观，把产品的附加值提到了不适当的地步。希望本书能够让更多的人和企业重视和重新审视产品美学价值。

(二)揭示产品美学价值创造过程的科学性和系统性，为企业的产品美学价值设计创新提供理论参考

许多企业常常忽略或不重视产品美学价值，认为产品的“美”只要请艺术家或设计师添点颜色，改改造型就可以了，而且往往到了产品设计和生产的最后环节才去考虑。实践证明：“设计是一项整体性很强的规划，美无法在功能问题解决之后再添加。”①希望本书能够让更多的人了解产品美学价值的设计创新是一项系统而非附属的工程。产品美学价值的设计创新需要科学指导，需要综合考虑和协调多种因素才能实现。

二、研究意义

产品美学价值作为商品使用价值和交换价值外的第三种价值，无论在产品价值构成本身，还是产品品牌文化和企业经济效益等外延方面，都有积极重要的作用。以产品美学价值及其设计创新路径作为研究对象，具有积极的理论意义和社会意义。

(一)理论意义

1. 促进相关学科交叉创新。当今社会，全球市场、信息技术发展，艺术民主化，给美学带来新的挑战，在美学与艺术和生活实践之间存在一个“半美学”地带。② 美学应该为社会经济发展和消费文化助一臂之力，而市场经济中更需要运用美学、设计创新及管理提升产品竞争力。本书旨在促进设计学、经济美学、管理学等学科的交叉融合。

2. 深化发展设计创新理论。在创新有关理论的指导下，设计创新正在为学术和产业发展作出巨大贡献。设计创新涵盖范围较广，在审美经济背景下，无论是微观产品创新，还是宏观产业发展，都需要更细致

① [英]罗伯特·克雷．设计之美[M]．尹弢，译．济南：山东画报出版社，2010：16.

② 摘自高建平出席韩国首尔第20届世界美学大会的开幕致辞。

和更深入的研究创新。针对产品美学价值的设计创新，现有的研究一般局限在艺术学学科和设计师的视野，对产品美学价值设计创新的系统性和动态性研究不足。本课题针对产品美学价值，从管理者视角出发，对丰富设计创新理论具有积极意义。

（二）实践意义

1. 促进更多的企业重视提升产品美学价值。按照有关学者的研究，我国市场上现有的产品至少2/3都具有审美依赖度。而笔者所做的调查不仅证明了常见的产品设计需要考虑美学价值，而且美学价值在产品价值中的比重相当高（详见附录B）。本书通过系统论述，希望能够让企业正确认识产品美学价值，意识到确立“定位准确、梯度清晰、与时俱进”的设计美学创新思路是企业在当今环境下生存发展所需考虑的重要思想①。

2. 为企业产品创新设计提供更多参考。企业的创新主要有两条途径：一是掌握核心技术；二是通过工业设计，使产品既具有使用功能，又具有审美功能，从而极大地提高产品的附加值，使制造向产业链高端提升。企业因技术条件和规模基础不同，需要采取不同的创新策略。本书通过理论论述与案例剖析相结合，为企业进行产品美学价值的提升提供可供借鉴的思路，从而增强企业的竞争力和产品设计师的体系架构能力。

3. 发挥设计创新优势促进国家创新发展。欧美、日韩等发达国家早把设计创新视为国家经济战略的重要组成部分。对产品而言，设计创新的主要途径是工业设计，利用工业设计的知识和技术进行产品研发，不仅能够提高产品审美性，而且让产品使用更舒适，给企业带来声誉和经济的双重效益。因为工业设计本身具有学科综合性，如果利用工业设

① 高志强. 论设计美学观念创新对企业发展的重要意义[J]. 艺术百家，2007(6)：33-35.

计，同时结合管理学有关知识，就能够避免企业在产品研究中只注重局部或某一环节，甚至割裂创新环节的弊端。这对我国由OEM的低端制造向ODM设计制造甚至OBM品牌创造的转型发展具有重要意义。

第三节　国内外研究现状

除了一般著作和教材，本书主要利用中国知网、百度学术、Wiley电子期刊(全文/文摘)、EBSCO(全文/文摘)等平台，通过查阅相关中英文资料，对产品美学价值、产品美学设计和产品设计创新三个方面的文献资料进行搜集和学术梳理。

一、产品美学价值研究

关于产品美学价值①的直接论述文献虽然比较少，但是围绕该主题的文献研究却比较多，涵盖美学、设计学、经济学和管理学等多种学科。本书分为以下几个方面进行论述：

(一)产品美学价值的效应

1. 产业经济层面。美学经济是继农业经济形态和工业经济形态之后产生的新的经济形态，在这一经济形态中产品美学价值通过审美愉悦性和文化附加值等属性促进商业买卖和交易，促进商品经济的发展。美国未来学者阿尔文·托夫勒在20世纪70年代就提出体验工业会成为超工业化的支柱之一，甚至成为服务业之后的经济基础。德国学者格尔诺特·伯梅(Gernot Bhme，2001)将美学价值作为马克思所提出的使用价

① 在英文中，美学价值、审美价值都翻译为“aesthetic value”，因此对二者不作区分。在各类文献中经常出现的审美功能、美学功能，本书也视为美学价值。同时产品美学价值与产品美学设计的价值在意义上，严格来讲有区别，但是二者在表现载体和价值目标上具有一致性，因此在文献搜集整理中有时也没有将二者作严格区分。

值和交换价值以外的第三种价值，并认为美学价值将形成新的经济形态——美学经济。黄江颖(1998)认为美学经济的重要意义在于带动整个经济的发展，推进对外贸易，增加社会美学享受等。薛福兴(2003)认为工业产品不仅是一种物质对象，更是关乎人们精神需求和文化内涵的载体，将审美需求融入产品价值系统不仅能满足和开发公众审美需要，而且能实现国民经济的增长。凌继尧等(2010)认为以具有审美依赖度的产品为对象，研究如何将美学、体验与实用性结合，提高和加强产品及其服务中的审美因素，可以作为应对产能过剩、增强市场竞争力的重要手段，并且具有刺激出口、拉动内需等多重现实意义。

2. 企业竞争层面。Yamamoto 等(1994)认为产品外观在工业产品中扮演着有限但非常关键的角色，产品美学对产品价值起着积极重要作用，它能够增强产品竞争力和销售绩效，好的外观设计可以提高产品使用效益。Bloch(1995)认为产品造型或设计在很多方面都促进产品成功。比如更容易吸引消费者；更容易形成企业和产品的标志信息促进消费者识别；提升生活质量，因为使用更美好的产品能够让人感觉更愉悦，使用更持久。Veryzer 等(1998)认为产品设计生来就包括美学，而且美学是消费者产生快感的潜在动力，美学在新产品开发、市场战略、产品质量、产品差异化和竞争优势中越来越重要。Yoshimurathe 等(2001)认为产品外观和审美因素越来越重要，美学因素应该作为一项重要因素整合到产品设计的全过程中。埃佐・曼奇尼(Ezio Manzini)认为所有高技术产品，不管技术如何都需要一个充满情感和符号意义的表面。Candi 和 Saemundsson (2008)通过对上百家基于技术创新的新企业的调研，认为美学设计对企业的成功很重要，它能帮助企业新产品打破既有市场格局，体现产品差异性。金宣我(2011)提出“美学经济力”，并通过欧洲众多知名设计案例，讲述美学和设计管理对企业品牌的重要性。① 赵祖

① [韩]金宣我. 美学经济力：欧洲设计师谈设计管理与品牌经营[M]. 北京：电子工业出版社，2011.

达(1995)认为商品的审美设计对企业竞争力的重要作用体现在商品的审美设计对企业商品的推动上，“它能使企业获得难以估量的高额利润”。①

3. 消费体验层面。Vigneron 和 Johnson(1999)通过品牌案例分析提出享乐价值——满足消费者审美、刺激等情感需求是声望品牌带给消费者的五种重要价值之一。大卫·罗伯兹(2001)认为在美学经济时代，企业出卖商品的重点不在于产品本身，而应该是给消费者营造的氛围和情调。德国著名哲学家沃尔夫冈·弗里茨·豪格认为商品美学发挥着宣传某种生活方式的作用——这将商品消费提高到意义的中心。迪斯迈特和海格特的“使用者—经验模型”说明了消费者在使用产品时，最先体验到的是美和有意义的部分。吕宁(2005)认为美学经济向消费者提供深度体验与高品质的美感，以消费者愉悦为目的。杨正林等(2005)认为：体验经济的实质是产生美好的感觉，消费特点是体验化、情感化、个性化、休闲化、求美化。何刚晴(2014)认为人们进行消费，不仅仅是“买东西”，更希望得到一种情感体验，美的体验，也即审美作为消费对象。董学文(2003)认为具有技术美学特征的产品不仅在外观上给人以美感，同时让人使用起来更舒适。

可以说，产品美学价值在社会经济中具有非常重要的意义，无论是对宏观的产业经济还是对微观的个人消费需求而言，都起着独特而关键的作用。不仅如此，产品美学价值还极大地促进了经济学和美学的交叉研究，特别是审美经济学学科的构建，已经有一批学者在呼吁和构建审美经济学。②

(二)产品美学价值的提升方法

1. 构建模型法。恰安(Cagan J.)和沃格尔(Vogel C. M.)(2003)构

① 赵祖达. 美学与市场经济[M]. 北京：华文出版社，1995：36-38.

② 季欣. 关于构建审美经济学的设想——凌继尧先生访谈录[J]. 东南大学学报(哲学社会科学版)，2006，8(2)：109-112.

建了以“造型”和“技术”为轴的矩阵定位图，认为企业应该追求技术高、造型好，从而价值高的产品。并提出产品有七个方面的价值机会：情感、人机工程、美学、特性、影响、核心技术、质量，其中每个方面都由若干子项组成。其中美学价值包含视觉、触觉、听觉、味觉、嗅觉五个方面。普拉哈拉德(Prahalad D.)和索奈(Sawhney R.)根据马斯洛需求层次理论，制定出心理美学图。将产品设计分为基本象限、通用象限、艺术象限以及丰富象限四个区间，企业可以根据具体情况将某种产品和品牌从一个象限转移到另一个象限，以求创造商业奇迹和品牌声望。赵拓等(2011)通过阐述工业设计对提升产品价值的作用，分析了工业设计附加价值与产品技术价值之间存在的协调关系，构建了以“产品技术价值”由低到高为横轴，以“工业设计附加价值”由低到高为纵轴的分析模型，提出企业应该追求技术高和附加值高的产品。

2. 策略性方法。徐恒醇(1989)认为从产品功能形态向审美形态转化，是造型的重要内容，也是提高产品审美价值的重要手段。范正美(2004)提出提高产品本身的实用审美价值要考虑以下八点：明确产品的实用审美目标，提高设计水平；提高全员的美学素养和技工的技术水平；积极创造最佳的劳动条件；实行劳动美学和文明生产；改进工艺流程及各个工艺过程；选择合适的材料和改进技术设备；加强管理；创优质名牌。并将提高产品附加审美价值的方法和途径归纳为八点：提升产品的造型、款式艺术效果；精化商标、装潢设计；搞好产品的包装和中转储藏；做好宣传和广告；掌握定价、运输方式和交货方式的分寸；开展评优和展销活动；美化购物环境；提供良好的商业服务。刘萍(2012)从社会宏观角度提出树立科学设计观、建立识别系统和建立现代设计人才培养体系是提升社会整体产品美学价值的三条途径；付黎明(2012)认为产品的美是通过形式美、技术功能美、社会美三个层次来体现的。第一层为外部造型合理美观，色彩协调，材料质感亲切带来的愉悦体验；第二层为交互界面设计合理，包括高识别性、低错误判断性，人机工程学的易操作性、易维护性、高可靠性；第三层是使用个体和群体共同的追求目标，是社会共同利益的实现，三者是递进关系。

3. 定量分析法。价值工程(Value Engineering)是以产品或作业的功能分析为核心，以提高产品或作业的价值为目的，力求以最低的寿命周期成本实现产品或作业所要求的必要功能的一项有组织的创造性活动。该理论被广泛应用于产品价值分析与提升活动。罗芳魁等(1996)认为产品要实现价值，必须要有美学功能的实现。并运用价值工程的一般原理与方法，提出美学价值工程程序的23个步骤，并通过实际案例进行了演示。凌继尧课题组曾在2007年前后对我国区域经济和产业经济的审美化现状进行了分析，指出其发展特征，同时通过制造业企业的自主创新活动，围绕企业产品审美化的各个环节展开调研：美化商品外观、商品材质的改良、商品工艺的提高、技术与艺术的统一、设计师社会性与文化价值的体现、设计经费、宣传报道和信息传播、商品促销、策划等方面。同时从四大要素系统、三级指标系统和定量与定性结合的操作系统三个方面设计了企业美学诊断模型。

(三)产品美学价值的影响因素

Solomon O. (1988)认为产品审美功能认知是基于多种因素的，比如情感、认知和心理因素等。Creusen(2005)认为产品外观给人六种角色意义，其中包含美学价值，并建议企业管理者根据情况优化产品外观，以赢得市场的青睐。美国杜威认为事物的价值在于合乎主观的效用观，效用价值决定事物的审美价值。前苏联专家施帕拉认为在艺术设计过程中，只有艺术设计师、工程设计师、工艺师和人机工程学家与其他专家的相互了解、共同创造，才能取得真正有价值的成果。罗芳魁等(1996)提出社会、心理以及身体三大因素是美感建立的基础，产品美学功能也应该考虑这三个方面。范正美(2004)提出“实用审美力”的概念，将其定义为：人类关于实用产品的质感、视觉、味觉、手感、形感等一系列欣赏和鉴评的能力总和。这种能力只有那些具有消费能力并且同时拥有通过经验积累或训练感觉达到丰富性的有审美能力的人才有。

影响实用审美主体的主观因素有：实用审美感官的素质、世界观、人生观等；影响实用审美力的社会因素：社会经济条件，包括与生产力相适应的消费水平、收入水平、分配关系；社会意识，包括政治、社会文化圈、伦理道德观念生活方式；其他因素，例如供求状况、价格因素、战争与和平、各种激发或抑制因素。黄凯锋(2005)认为对一个产业来说，要使产品的审美附加值发挥实实在在的价值，要有企业家的审美素质、追求美感的服务满意度和对消费审美趋势的把握。刘飏(2007)认为审美心理、审美规律和审美观念是影响商品美学价值的主要因素。

二、产品美学设计研究

由于学科发展的历史原因和研究领域及角度的不同，造成产品美学设计的研究牵涉诸多专业名称①，本书主要以产品美学、技术美学、工业美学、商品美学、设计美学等为主题进行文献搜集和学术梳理。

(一)产品美学设计的内涵

1. 技术美学视角。技术美学主要研究产品的功能、形象、色彩和舒适性等要素之间的关系和相关技术。需要利用工程学、心理学、生理学、卫生学及其他学科提高技术的美学价值，技术美是产品美学功能群中的首要因素。将艺术设计与技术美学相互协调可以促进生产效率的提高，促进美学和生产劳动的关系。技术美的特征是通过对对象进行重新组合，使它们之间产生新的联系，从而在解决面临的任务时产生一定的质量效果(包括外形的美观、使用的舒适等)，使得产品不仅外观优美，而且使用起来体验舒适。技术美学研究的不仅是产品本身技术与美学的关系，还包括“研究设计的社会本性和发展规律”②。

2. 商品美学视角。商品美学是研究商品生产、流通，消费中审美

① 相关的专业称呼还有生产美学、商品美学、工艺美学、技术美学、工业美学、实用美学、生活美学等。

② 郑应杰，郑奕．工业美学[M]．长春：东北师范大学出版社，1987：4-7.

创造规律、特征的科学。在研究一般商品的实用价值、交换价值的基础上，本书主要研究消费产品的审美特质、审美价值和审美创造及其与实用价值、交换价值的互动关系。包括商品生产过程中商品的造型、色彩、款式、包装等艺术设计，其目的是通过提高产品的美学价值，提升产品的质量、销量和附加值，满足消费者的审美趣味和审美需求。祁聿民(1991)认为商品美学是研究商品从生产到消费全过程的美学问题，包括营销过程中的美学问题和消费者在购买和使用时的审美意识问题。陈先枢(1991)认为商品美学要研究商品美的科学含义、消费者的审美感受和商品美的具体内容、形式和表现手法。林同华(1992)认为商品美学除了包含包装美学、广告美学和消费者审美心理外，还需要研究与其他学科的关联和在经济活动中的地位与意义。

3. 工业美学视角。工业美学是将美学应用于工业领域，同时需要综合经济学、管理学、心理学、商品学与技术科学等学科进行交叉研究的应用美学。它与“技术美学”以及“生产美学”的区别是，它只面向工业领域，不面向一切物质生产领域，即不包括农业和手工业。今日的工业，已进入生产、技术、美学三者融合的时代，工业生产必须按照“美的规律”去制造。工业的“产”与“销”是一个有机整体，自成一个系统，不可分割，相互制约、影响。最初的审美产生于劳动，然而审美一经产生又反过来提高了劳动产品的质量，有利于生产的提高。“生产—审美—生产”循环不已地促使它们互相促进，最后审美完全脱离了生产、生活的实用，而出现了专门为精神需要的审美的精神产品。①

4. 设计美学视角。自1989年翟光林在我国首次以《设计美学》为名出书以来，特别是进入了21世纪，关于设计美学的著作和教材层出不穷，黄柏青的《设计美学》(2016)对我国设计美学相关书籍做了比较详细的归类和具体分析，认为设计美学应该包括设计美学的概念论、设计

① 郑应杰，郑奕．工业美学[M]．长春：东北师范大学出版社，1987：211-213.

审美现象论、设计审美历史论、设计审美表现论、设计审美心理论、设计审美文化论、设计审美趋势论等七个方面。陈望衡(2000)认为艺术设计美学不只是工业设计，还有广告设计、环境设计、建筑设计等等，它主要是解决"人与物的关系""功能与形式的关系""产品主观创造性与客观约束性的关系"三大中心问题。其研究范围涉及产品的美学性质、设计过程的美学问题、产品消费的美学问题、部门设计美学、设计美学史等五个方面。徐恒醇(2006)则从形态构成论、功能转化论、文化整合论、审美范畴论、符号表现论、风格变迁论等六个方面全面论述了设计美学的原理、内涵和方法。赖守亮(2016)认为设计美学已经由工艺美学演化至虚拟美学阶段，如果说传统设计美学是感悟式的静观审美，突出的是设计的膜拜价值，那么数字虚拟的文艺作品和设计品则呈现的是展示价值和体验价值。

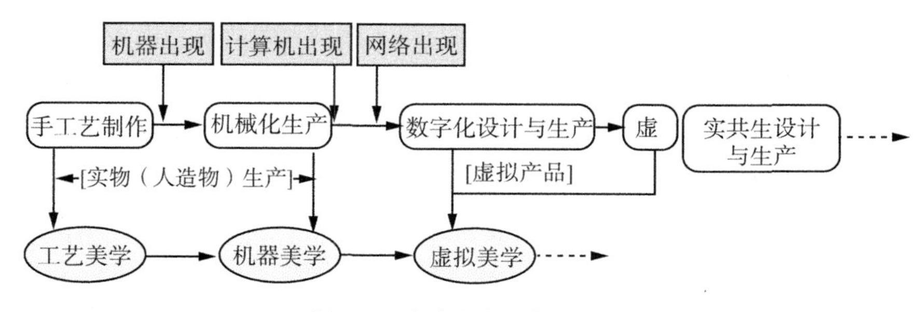

图 1-1 设计美学研究的发展

图片来源：赖守亮（2016）

（二）产品美学设计的对象

郑应杰(1987)曾提出按照工业美学思想，产品美学及其价值主要体现在工业管理中，即生产管理、环境管理和经营管理中。生产管理主要指工业品的设计、生产制造。产品设计中的实用、经济、美观三个要素构成设计的整体，具体包括造型、色彩、结构、包装；环境管理指工业建设要适应工人生产、生活的心理和生理特点，促进生产效率的提高；经营管理指工业品的销售和创立最佳销售环境。罗筠筠(1995)阐释过美学在工业生产及其产品、服饰、室内设计与家具等生产生活及产品中的应用，认为产品的实用、认知和审美功能在不同产品中占有不同的比例。黄江颖(1998)认为美学产品可以分为给人纯粹精神享受的产品和包含美学价值的实用产品。凌继尧等(2010)认为按照国家分类标准，我国有31种制造行业，其中至少有三分之二的行业产品具有审美依赖度。李峻玲等(2010)将美学产品分为工业制品类、手工工艺类、纺织类、服装类和食品类。

(三)产品美学设计的内容

目前学者将产品美学设计的主要内容分为外在美和内在美，其中外在美构成产品美学价值的主要部分，包含产品造型、颜色、肌理、包装以及感官效果等，而内在美主要包含与技术相结合的产品功能美、品牌形象以及承载精神文化的无形之美等。

Veryze(1993)认为对称与对比在设计中将被运用得越来越多。Borjade Mozota(2003)认为产品美学或设计造型不是独立存在的，而是设计的结果与产品其他属性紧密联系在一起。Berkowitz(1987)认为产品美感来自多种因素的和谐，如比例、节奏、一致性、模块化、秩序与失衡等。法国学者鲍德里亚(Jean Baudrillard)认为消费不再是商品使用价值的消费，而是表示身份、地位的符号。物品的结构、形式、色彩、品牌等因素成为社会意义和身份地位的载体。

徐恒醇(1995)将产品的审美形态分为技术美、形式美学、艺术美。罗筠筠(1995)认为产品的审美价值除了指产品的外观造型、视觉效果的美之外，最重要的是使用价值中直接体现出来的功能美。产品的使用价值先于审美价值，但两者内在统一于功能美，并且使用价值对审美价值有依赖关系。衡量工业产品的美学标准是功能美和形式美(含功能形式和外观形式)。罗芳魁等(1996)认为产品要实现价值，必须要有美学功能的实现，而美学功能可以既包括外形、颜色、声、光等感官效果，也包括文化功能无形价值。从价值工程的角度，美学功能分为直觉美、方便美、变化美、尊贵美、追同美、古情美、神秘美、人情美、趣味美及其他类十个方面。李峻玲和王震亚(2010)认为产品美学就是研究产品的美学价值，研究怎样在实践中按照美的规律来创造产品，它的研究内容包括产品本身的造型、色彩、材料、装饰、结构等审美问题，产品在销售过程中的审美问题以及消费者对产品如何审美的问题。生产者、经营者、消费者构成审美主体，产品自身为审美客体，而市场营销和消费行为是审美实践。将产品的设计之美分为文化性、科学性、经济性、时代性、创新性五个方面。付黎明(2012)将产品设计美学的基础分为形态美、色彩美、材质美、工艺美、结构美、人机美、形式美，并将产品美学体系分为形式美、技术美和社会美三个部分。刘萍(2012)将产品设计美学分为形式美、功能美、技术美、社会美。郭会娟(2008)认为产品美学体系由形式美学、技术美学、社会美学三个元素组成，并且它们不是孤立的，而是彼此联系、互相影响的。

李超德(2004)认为任何美的东西都是由美的内容和美的形式构成，其中形式美既包含设计产品的形式美因素，又包括赋予产品以美的形式的寓意，并将设计美的构成要素分为：材料美、结构美、形式美和功能美四个部分。顾建华(2004)将艺术设计的审美要素分为功能美(本质要素)、形态美(直观要素)、材质美(基本要素)三个方面。李龙生(2008)认为设计审美分为功能美、造型美、结构美、材料美和形式美五部分。总的来说，“大部分著作认为设计审美涉及三点要素：功能美、形式美和材质美”。① 凌继尧等(2010)认为工业产品作为有某种功能的物质形态，具有功能美、造型美、形式美、材质美、装饰美、色彩美等，其中功能美：即产品的结构形式表现了功能的合目的性——是产品美的核心。甘桥成和徐人平(2010)提出产品设计的美学评价分为技

① 黄柏青．设计美学[M]．北京：北京人民邮电出版社，2016：13.

术美、形式美、体验美三个层次及功能美、材质美、形态美、色彩美、体验美五个要素。

(四)产品美学设计的原则

莫斯科高等艺术学校的科学家很早就规定了工业产品艺术设计的三项主要原则：综合解决适用性与功能、结构与工艺性、经济性与美学等问题；充分考虑周围环境和具体条件；实现形式和内容的统一。这可以表示为：有用+方便+美观，即考虑技术经济因素、人机工程因素和美学因素。Hekkert(2006)提出设计审美愉悦的四个基本原则：(1)最少处理最大效果；(2)多样又统一；(3)最为先进却可接受；(4)最大匹配。赵祖达(1998)认为商品审美设计应该注意三个问题：(1)审美功能与实用功能的统一，必须考虑消费者文化观念下的心理接受能力；(2)商品美的地域性，即传统、习俗、观念；(3)商品美的流行性，即要不断变化，推陈出新。范正美(2004)认为实用审美设计要有四个依据：(1)实用审美的需要，(2)产品及其与之相适应的性质，(3)工业产品形态的形成规律，(4)消费的可能性。“应该注意的是，实用性是基础，审美性是为实用性服务的。同时，不能把审美性片面地理解为外观，而应该贯穿于产品的实用功能以及产品的结构性能等诸方面。”①朱毅等(2009)认为产品外观设计不能只追求少数人的审美价值，要具有市场、技术、经济、社会、心理等多元价值取向，“实用、经济、美观”是产品外观造型设计必须遵循的基本原则。祁聿民(1991)认为产品(商品)受到功利目的的制约，需要将功能与艺术相统一。陈先枢(1991)认为产品(商品)要把握外在美与内在美、欣赏美和适用美、形象美与意象美、流行美与个性美四个方面的统一。许林(1991)讲解了产品造型设计与形式法则、色彩、人机工程学等之间的关系和法则运用，将产品造型的形式法则分为：统一与变化、均衡与稳定、尺度与比例、视错觉及

① 范正美. 经济美学[M]. 北京：中国城市出版社，2004：237.

现代形式美感等方面。杨文龙(2013)通过对塑料家具产品现状的分析，提出了家具产品创新在不同生命周期阶段需要采取的不同策略，这对产品美学价值的设计创新具有重要的借鉴意义。

三、产品设计创新研究

产品美学价值的设计创新是产品设计创新的重要内容，对产品设计创新进行相关学术梳理是必不可少的环节。本书对相关研究文献按创新的内涵、设计角色的演变、设计创新的价值、设计创新的机制和产品设计创新的维度五个方面进行了整理和归纳。

(一)创新的内涵

1. 创新的定义。奥地利经济学家熊彼特(1912)在《经济发展理论》一书中正式提出“创新”一词。他认为创新是“一种新的生产函数的建立，即实现生产要素和生产条件的一种从未有过的新组合”，由引进新产品、引用新技术、开辟新市场、控制原材料的新供应来源、实施企业新组织等五个方面及其组合构成。① 由于创立了创新理论体系，他被尊称为“创新鼻祖”，此后有学者在熊彼特的基础上进行了修改和扩充。Souder 和 Shrivastava(1987)认为创新除了包含事物组合以外，还有新方法、新过程、新概念或创意、新形式等内容。英国经济学家弗里曼(C. Freeman)认为工业领域的创新是指第一次引进新产品或新工艺中所包含的技术、设计、生产、财政、管理和市场等步骤。美国企业管理学家德鲁克(P. F. Drucker)认为创新不一定是技术方面的，凡是能改变现有资源的财富创造潜力的行为都是创新。美国学者洛斯威尔(Rothwell)认为创新经历了技术推动、需求拉动、交互作用、一体化模式四个阶段。

① [美]约瑟夫·熊彼特．经济发展理论——对于利润、资本、信贷、利息和经济周期的考察[M]．何畏等，译．北京：商务印书馆，1991.

2. 创新的分类。关于创新的分类，国内外学者站在不同角度提出了不同的见解。根据创新的新颖程度，英国学者克里斯托弗·弗里曼(Christopher Freeman)认为创新分为三层：第一层是技术革命，第二层是激进式创新，第三层则是渐进式创新。史密斯(Smith D.)认为从方式上创新可以分为渐进式创新、模组式创新、建构式创新和激进式创新等四类，从内容上创新可以分为产品创新、服务创新和工艺创新等三类。Christensen(1995)将创新分为基于科学的研发、过程开发、产品应用(包括技术应用和功能应用)和美学设计四类。① Roberto Verganti(2003)根据创新的动力来源，在现有市场拉动创新、技术驱动创新的基础上，提出设计驱动式创新。从创新的主导方式上，还有学者提出创新可以分为自主创新、合作创新、模仿创新三类。

3. 创新的方法。“创新”活动可以说伴随着人类的发展，创新方法从古至今数不胜数。按照时代来划分，近代的创新方法主要有头脑风暴法(Brain Storming)、形态分析法(Morphological Analysis)、综摄法(Synectics Method)、5W2H法(也称七何分析法：Why，What，Where，When，Who，How，How Much)，还有TRIZ理论，现代的创新方法主要有中山正和法、信息交合法(亦称为信息反应场法)、六顶思考帽法(Six Thinking Hats)、公理化设计理论(Axiomatic Design Theory)。② 刘刚(2010)将20世纪80年代以来诞生的创新理论分为六个方面：开放式创新、创新生态理论、企业内部孵化理论、基于复杂性理论的创新、全面创新管理、创新的S曲线理论。

（二）设计角色的演变

设计是一种职业，也是一种思维，它包含许多种类及相应的理论和

---

① Christensen J. F. Asset Profiles for Technological Innovation [J]. Research Policy, 1995, 24(5): 727-745.

② 刘启强．创新方法理论发展及特征综述[J]．广东科技，2011，20(1)：40-43.

方法。对工业产品而言，设计可以理解为综合运用工学、美学在内的多学科知识，对产品某些属性进行创新的过程。随着时代的发展，它的内涵和外延在不断延伸。Perks 等(2005)通过大量的实证案例说明设计的角色随着社会的发展不断变化：由开始的作为制造业的辅助功能，慢慢演变为产品创新过程中的领导者(见表 1-1)。王效杰(2000)认为新世纪设计与原来相比已经转变为以人为本的系统设计模式，设计方式已经开始数字化和自动化，不再是产品研发的“装饰”配角，而已经成为企业前期开发、整体营销的重要利器。过去的设计崇尚的是统一、大批量，而现在设计追求多款式、多变化的自我个体需求。蔡军(2002)认为当前设计超越了单一的造型功能，已经成为企业赢得市场优势的战略手段。中国工程院院士潘云鹤提出：农耕时代的设计是 1.0，工业时代的设计是 2.0，在如今的知识网络时代，设计正在迈向 3.0。这一时期的设计关注个体、社会、生态和文化等多重因素，强调绿色环保、智能化、网络化、个性化和可分享性。凌继尧(2009)将工业设计概念的衍变划分为三个阶段：第一阶段是从图形图像的设计演变到实体产品的设计；第二阶段是从产品外部特征的设计演变到产品形式属性的设计；第三阶段是从产品属性的设计演变到产业链的设计。

表 1-1　　**设计的角色演变**

时　　期	设计的角色
19 世纪	作为制造业的辅助者
20 世纪 20—50 年代	作为一种职业
20 世纪 60—70 年代	作为一种专业
20 世纪 80 年代	作为品牌的主导者
20 世纪 90 年代	作为新产品创新研发的子过程
2000 以后	作为新产品研发过程中的领导者

该表来源：Perks 等(2005)

2015 年国际设计组织(World Design Organization)①将设计定义为一种旨在引导创新、促发商业成功及提供更好质量的生活的策略性解决问题的过程，是一种跨学科的专业，能够应用于产品、系统、服务及体验当中，能够将创新、技术、商业、研究及消费者紧密联系在一起，共同进行创造性活动，并将需要解决的问题、提出的解决方案进行可视化，重新解构问题，同时将其作为建立更好的产品、系统、服务、体验或商业网络的机会，提供新的价值以及竞争优势。国际设计组织的定义将设计的角色地位提升到一个新的高度，即设计不仅解决产品本身的问题，还通过跨专业和领域交叉为以产品为核心的系统、服务和社会经济发展、生活改善提供解决方案。

对企业而言，如今设计既可以是一种造型方法，也可以是一种战略决策(如图 1-2)。企业该如何选择设计的角色和思维，需要综合企业竞争的内外环境进行决策。面对设计角色的变化，我们应该注意到：设计属于精神生产、精神文化领域，或者说是一种文化，要提倡多元、多角度、多维、多层、多样发展的观念。

(三)设计创新的价值

随着设计角色的演变，设计创新的价值也在不断地被认可和提升。Rothwell 和 Gardiner (1988)提出了“精致设计”的概念，认为设计通过采用已有技术能够给用户提供更好的易用性。Oakley (1990)的研究则表明，设计有助于把发明转换为成功的创新或拓宽现有创新的有用性，可更好地满足用户需求。Christensen(1995)从创新资产配置的角度，认为设计的重点在于功能应用和美学设计。Beverland(2005)在实践调研的基础上提出设计创新具有保持传统的制造工艺、保持产品的地方特色、保持产品风格的一致、激活品牌的传统价值、让产品更具时代特征

① 原名国际工业设计协会 ICSID，2015 年更名。

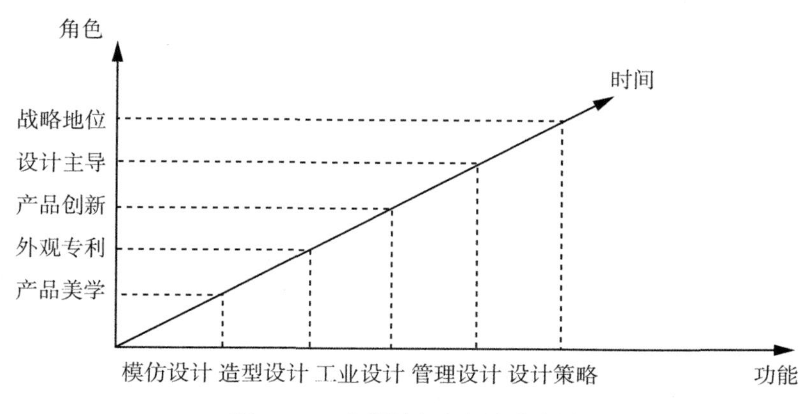

图 1-2　工业设计角色与企业发展

图片来源：王效杰(2009)

等五个方面的价值。许平(2006)认为设计创新的价值至少包括以下三个方面：一是可以争取到带动技术自主创新的时间与空间；二是可以固化创新形象，形成品牌制高点，获得持久的市场号召力；三是在整合优势资源、提升全民族创新素质方面具有巨大的影响力。普洛斯曾说："人们总以为设计有三维：美学、技术和经济，然而更重要的是第四维：人性。"按照普洛斯的观点，我们可以将设计创新的价值分为四个方面：一是满足人们的审美需求，促进审美文化发展；二是促进技术应用和更新，发挥技术的最大社会价值；三是增强产品吸引力和竞争力，创造更多经济价值；四是体现人文关怀，改善生活质量。

设计创新能够帮助技术实现更高的价值。斯坦福大学教授谢德荪将创新分为科学创新和商业创新，科学创新也称之为"始创新"，包括新科学理论、新产品、新技术等，并认为始创新本身没有价值，它的价值在于人们如何使用它。RKS 公司创始人拉维根据多年的企业设计经验，结合仔细研究客户调查结果后得出结论：大多数产品——无论是技术类还是其他类，最终难以为继并不是由于功能缺陷，而是未能成功引起客户的兴趣。欧洲九国联合成立的“低科技企业的政策和创新”项目组有关报告指出，中低技术企业虽然很难在技术研发上与高科技企业竞争，但是能够通过设计创新取得成功。越来越多的传统意义上的高科技企业如苹果、谷歌等都具备强大的设计能力，并且以设计著称。

（四）设计创新的机制

Koski（2007）认为设计创新在产业发展的不同时期驱动要素不同。比如，在产业发展初期，核心技术将是主导因素，而在技术成熟或产品性能稳定后，产品的形式创新将成为主导因素。童慧明（2009）通过审视珠三角中小制造企业认识与接受“创新设计”理念的过程，将企业的设计创新驱动分为设计企业家驱动、自主知识产权驱动、市场竞争驱动和品牌建设驱动四类。杨艳华（2009）对工业的创新过程与机理进行了分析，并构建了工业设计创新模式图。工业设计创新可以看作在输入需求、技术、资源、环境等动力因素后，通过创意、R&D、功能结构创新、外观造型创新、有形化等核心过程运作，产出技术创新业绩（新技术、专利、企业的竞争力等）的过程。设计创新核心过程可以大致分为两类：一类是通过研发活动将创意以技术手段实现形成发明专利；另一类是通过以外观为主的形式变化形成外观设计或实用新型专利，一般不需要复杂的研发过程。两者可以简单理解为“功能或结构的创新”与“造型和外观创新”，两者相辅相成、相互促进。杜湖湘（2012）认为工业设计的创新动力源自设计主体的内在需要，即消费者需求和市场竞争、产权制度、科技进步等外在环境的激励。蒋红斌（2012）认为设计创新是一种在特定时代背景下的以设计为载体的适应性机制，需要将人、事、物与情、理、利有机地协调在一起，在不同的社会经济环境、生产条件和生活品质下设计创新机制不同。

（五）产品设计创新的维度

设计创新的维度是指在设计创造活动中需要考虑的层次和因素。由于产品属性和价值不同，具体产品的设计创新维度就会有差异。

1. 产品价值维度。

产品价值具有诸多不同的理解。它不是一个僵死而固定的概念，而是包含了在购销过程中的全部意义，直到购买之后的消费活动。不同时期的产品具有不同的价值，产品的价值取向完全取决于产品使用者以及产品所处的环境。

古特曼(Gutman)(1982)在综合有关学者的理论基础上构建了“手段—目的链”理论模型(Means-End Chain Theory，MEC)，认为产品的价值维度包括产品属性、消费结果、最终价值三个层次，只有产品属性与消费者价值相匹配，才能实现消费结果。莱维特（Levitt)(1983)从消费者的角度提出完整的产品应该由有形部分和无形部分两方面的期望值组合而成，能够体现承诺和信任。德国的克略克尔曾提出产品功能的TWM系统：技术功能T(物理、化学)，经济功能W(成本、效益)，与人相关的功能M(审美、舒适、安全)。赫斯克特(Heskett)认为产品的价值在设计意图和用户需求及理解的双向互动和匹配中实现。著名的市场营销专家科特勒(Kotler)(1988)则将产品价值分为核心利益(即使用价值或效用)、有形产品(包括式样、品牌、名称、包装等)和附加产品(即附加服务或利益)三个维度。此理论一经提出就成为市场营销的经典理论，被广泛应用于市场营销、产品创新、产品管理领域。

罗伯托·维甘提(Roberto Verganti)将产品吸引消费者的维度分为两种：一是使用价值，即功能性的好坏，主要依赖技术发展；二是产品内在意义，即深层次的心理因素与文化因素，包括个人动机和社会动机。荆冰彬等(2001)认为产品设计中，产品竞争力以顾客价值来体现。价值分析应包含两个方面：设计价值和顾客价值。徐恒醇(2006)认为任何产品都是实用、认知和审美三种功能的复合体。虽然三者所占比例视具体情况不同，但以符号认知功能为先导、以实用功能为取向和依托、以审美功能为表现手段和精神追求的原理是共同的。杨洪泽等(2011)认为产品价值分为功能价值、形态价值与方式价值。楚先锋(2009)认为产品价值包含三个维度：一是使用价值，即功能需求；二是美学价值，即形式；三是成本价值，即实现技术和市场接收的可行性。其中技术体现的是开发商的价值——成本价值，而功能和美学的价值是客户的价值。刘润(2015)提出产品绝对价值概念，并认为它是指用户体验的产品质量。某项产品的绝对质量不仅仅指其技术性能参数和稳定性，还包括拥有和使用它时的切实感受。而且借用互联网，消费者能够提前判断商品的绝对价值。辛向阳等(2015)认为自然属性、体验属性和经济属性构成产品的三大属性，三大属性相互依存，彼此关联。

2. 产品设计创新维度。

特鲁曼(Trueman，1998)把新产品研发的设计维度分为价值、形象、过程和生产等方面，每个方面对应的是公司目标(如表1-2)。日本学者原田昭认为产品造型包含价值意含和意象意含，前者指向功能、操作、安全、可靠性等，后者指向给人可爱、有趣等情感和象征意义。设计应该追求在意象上突破，以创造更高附加值。Rindova和Petkova(2007)提出设计创新应该从功能、美学和符号三个方面进行选择或综合。艾瑞克·R. 艾斌和克里斯塔·V. 格赛尔从品牌驱动创新的角度认为在品牌创建过程中设计可以从美学、交互、性能、构造、含义五个层面发挥价值。五个层面分别对应感官层(外观感知)、行为层(感觉如何)、功能层(能做什么)、物理层(如何制作)和精神层(有何含义)。

表 1-2 **新产品研发的设计维度**

设计维度	要 点
价值	增加价值，提升成品质量，满足消费者更高期待
形象	公司形象和识别，品牌创建与提升
过程	通过创意产生，转化，整合资源，沟通和团队协作，加强产品研发
生产	增加速度，增加效率，减少生产成本，早日进入市场

表格来源：Trueman(1998)

胡树华(1998)根据科特勒的产品结构理论，认为产品创新分为形式创新、功能创新和服务创新三个维度。台湾艺术大学林荣泰提出将文化特色融合到产品设计当中的观点，认为产品设计包含三个层次属性：有形的或物质的、使用行为的或仪式习俗的、意识形态的或无形精神的。芮延年(2003)认为产品设计可以分为创新设计、适应性设计、变参数设计三种形式。宁绍强(2007)则认为产品形象是由产品的视觉形象(物质层次)、品质形象(物质层次)和社会形象(非物质层次)三方面构成，并且三者前后依次是递进关系。陈雪颂、陈劲(2011)提出将产品设计分为功能设计、符号设计和美学设计三个方面。曹阳(2005)认为产品设计是满足消费者需要的一种市场策略，包含实质层(功能和属性构成)、形式层(造型、品牌、包装和商标构成)、延伸层(售前、售中、售后等服务构成)、形象层(公众形象、形象标志等构成)、信誉层(信用和声誉构成)五个层面。赵楠(2007)从评价指标的角度提出工业产品设计创新包含技术属性、美学属性和人机属性三个方面。黄厚石和孙海燕(2010)将设计分为功能性、易用性和快乐性三个层面。美国斯坦福大学提出设计创新由人本、技术和商业三个模块组成，需要考虑用户的需求、商业的可持续性和技术的可行性。潘云鹤院士认为当代产品创新设计可以分为技术创新设计、文化创新设计和人本创新设计。我国创新设计战略研究小组(2016)认为创新设计并不是单一方面的创新，而是融合了技术、艺术、文化、人本和商业五个要素的集成创新。

从情感与设计关系的角度，诸多学者也提出了许多设计创新的方法和模型。桑德斯(Sanders，1992)将用户对产品的需求分为可用性、易用性和满意度三个方面，即产品的功能执行性、使用和互动体验、能否带来愉悦感以产生吸引力。斯顿伯格(Sternberg，1988)将人与人之间的关系描述成人三种形式的爱：激情(源于吸引的痴迷)、亲密(通过互动建立的友谊)、承诺(因在多次互动中建立起信任)，相应的产品设计有审美导向、互动导向和功能导向三种类型。乔丹(Jordan，2000)将产品需求分为享乐利益、实用利益和情感利益，其中享乐利益描述了产品的审美特性能够带来的愉悦感。德斯蒙特(Desmet，2002)将产品分为物体、媒介和事件三个层次，其中"物体"层次描述的是审美特性能否吸引消费者。美国心理学家诺曼(Norman，2004)将产品设计维度分为三层：本能层设计，即注重产品外形、色彩、触感等；行为层设计，即注重产品性能、效用等；反思层设计，即注重产品设计传达的信息、文化等。诺曼提出的设计三层次也被认为是情感化设计原理，被广大学者和设计师广泛运用到各类产品设计中，也被借鉴运用到用户体验设计中。高普和亚当(Gorp T. V.，Adams E.，2012)从满足情感的角度出发，在对桑德斯、斯顿伯格、乔丹、诺曼等多位设计学者提出的设计模型进行整理和借鉴后(见表1-3)，提出了设计的A-C-T模型，即吸引(Attract)→会话(Converse)→交易(Transact)，以此提出了一种设计人与产品之间关系的新思路。高普和亚当认为在用户的感受中，审美是自动的，而且极为迅速。因此想要使人与产品之间形成关系，必须通过感官(魅力、惊喜、新奇等，也就是审美特性)吸引注意力，才能触发接近的愿望，进而产生互动。

3. 产品设计创新能力要求。

产品设计创新是一项综合性创新活动，需要综合不同专业的知识和技能。斯万(Swan)(2005)认为产品设计创新需要功能设计能力、美学设计能力、技术设计能力和质量设计能力，这些能力的强弱将直接影响产品的竞争力从而影响企业的竞争绩效。Candi(2006)对历史上具有代表性的设计能力分类进行了汇总(见表1-4)，并提出了自己见解。他认为设计能力应该分为根本设计、功能设计和体验设计三类。其中根本设计是指给予产品一定形式意义的外观设计，功能设计主要考虑产品的可用及耐用性，体验设计起着吸引消费者的作用，往往与根本设计不可分割，也与功能设计有着密切的联系。

表 1-3　　**设计目标、爱的形式和设计模型**

设计目标 （Sanders，1992）	满意度 审美吸引力	易用性 理解、学习和使用	可用性 达成设计预期
产品要素	审美 视觉及感受怎么样	互动 怎样与产品互动	功能 产品能做什么
爱的形式 （Sternberg，1988）	激情 痴迷之爱	亲密 友谊	承诺 空洞之爱
与设计模型的关系	——随时间感受——→		
利益类型 （Jordan，2000）	享乐利益 感官和审美愉悦感	实用利益 完成任务的结果	情感利益 对于用户情感的影响
评价类型 （Desmet，2002）	物体 是否吸引我的注意力	媒介 是否符合我的标准	事件 是否助于实现个人目标
处理的层次 （Norman，2004）	本能层 审美和触觉特性	行为层 有效性和易用性	反思层 自我形象、满意度、记忆
与其他模型的关系	——随时间感受——→		
反应类型 （Demir，2008）	反应 自动	感受 通过互动产生	关系 随着时间推移建立
三位一体大脑 （Mclean，1990）	爬行动物脑 无意识、即时	古哺乳动物脑 有意识和无意识并存	新哺乳动物脑 有意识、缓慢、深思熟虑

表格来源：［加］高普（Gorp T. V.），［美］亚当（Adams E.）（2014）

表 1-4　　　　　　　　**设计创新能力的分类①**

学者	创新能力分类
Wikipedia(1999)	(1)美学设计能力；(2)产品的可用性和耐久性设计能力
Dreyfuss(1967)	(1)外形设计；(2)可用性、低价格、易用性设计；(3)与消费者之间联系的设计
Papanek(1984)	(1)外形设计；(2)可用性设计；(3)产品的社会文化属性设计
Kotler & Rath (1984)	(1)外形设计；(2)性能、价值和耐久性设计
Ulrichi & Eppinger (2003)	(1)差异化设计；(2)用户界面、易用性、耐用性设计；(3)感官设计
Norman(2002)	(1)根本设计；(2)使用习惯设计；(3)消费者反应设计
Candi(2006)	(1)根本设计；(2)功能设计；(3)体验设计

表格来源：改编自陈雪颂(2011)

四、研究述评

综上所述，国内外学者关于产品美学价值的设计创新的有关文献比较丰富。诸多文献对产品美学价值内涵、类型、设计方法以及影响因素有阐述，对设计创新的定义、实践价值、运行机制也有阐述，对产品价值维度和设计创新维度的划分也有比较丰富的解释。但总体来看，目前对于产品美学价值的设计创新研究尚存在如下几个方面不足：

1. 对于产品美学价值的内涵理解过于狭隘。从现实来看，企业之所以需要进行产品美学设计，就是因为产品美学具有价值。许多学者对产品美学价值及其设计的认识还主要停留在外观造型上。虽然有不少学

① 改编自：陈雪颂．设计驱动式创新机理与设计模式演化研究[D]．浙江大学，2011.

者认为美学价值包括物质层和精神层，但没有系统论述。有学者进行过商品美学价值的探讨，但主要局限于在审美价值的哲学方法上进行论述。如今，产品设计早已经由机械结构为主转变为以数字和内容为主，并呈现向网络化和智能化发展的趋势。原有的有关产品美学价值的理论不能满足当前产品和未来产品的需要。产品外观美学设计不仅不能代表产品美学价值，其重要性也正在让位于产品内容及交互设计。

2. 对产品美学价值的设计创新研究思维和视角单一。毫无疑问，产品美学设计是产品美学价值创造的核心环节，但由于狭隘的认识，现有绝大多数研究文献以静态思维看待美学设计，而缺少结合一般产品的创造主体——从企业的产品创新和发展路径进行动态考察分析。实际上，产品美学价值的设计创新是产品创新的重要内容，它贯穿于产品创新的整个过程当中。

3. 关于产品美学价值设计创新的研究内容比较少，而且缺少框架性、系统性的论述。目前与产品美学价值的设计创新具有直接和重要关联的研究就是产品美学设计，相关的研究都是从不同维度和层面进行相关内容陈述，缺少遵循一条逻辑主线的路径式阐述。

第四节　研究范畴与内容

一、研究范畴

1. 对象说明：本书研究的对象为现代工业化生产的以供消费者使用为目的的有形产品。

2. 概念厘清：本书主要研究针对产品美学价值的设计创新，与产品美学设计具有相近的内涵，但二者有较大的区别：产品美学设计是通过美学设计实现或提高产品美学价值，注重的是微观层面的设计美学法则和具体操作，属于设计创作。而产品美学价值的设计创新注重的是为了美学价值去进行产品设计创新，是目标导向的中观层面的设计策略和方法组合，属于设计管理，而且考虑的因素比产品美学设计要多。产品美学价值的设计创新路径研究不仅关注美学价值的创造，同时也关注产品美学价值的实现。

二、研究内容

本书研究的重点不是产品美学设计的形式美法则和创意思维——事实上这类的文献非常多，而是站在设计管理和创新的角度，将产品美学价值作为一个“主体”来进行研究，主要研究以下几个方面：

1. 产品美学价值及其设计创新的基本概念、特征，重点是后者的作用、创新要素和取向演变。

2. 根据提出的科学原理，整理出产品美学价值的设计创新原理，为产品美学价值的设计创新提供思路和指导原则。

3. 在现有有关理论的基础上，剖析产品美学价值的设计创新维度，这是产品美学价值的设计创新核心。

4. 提出产品美学价值的设计创新在战略定位、主导方式定位、切入模式定位以及概念定位方面的方法。

5. 结合设计创新原理，从“投入—主体—内容—产出”设计创新要素分析产品美学价值的设计创新运转过程及其运行机理。

6. 提出产品美学价值的设计创新风险的预防、规避、转移和补救的策略和方法。

7. 根据产品美学价值的设计创新维度和创新路径，选取代表性案例进行深入剖析，以验证和完善研究成果。

第五节　研究方法

1. 文献研究。围绕研究内容和目标，重点通过对产品美学、产品创新设计、管理创新、审美经济等相关文献的搜集整理，在已有的成果基础上，更全面和深入地开展研究。

2. 问卷调查。为了解目前企业对产品美学价值的设计创新认识和利用状况，便于归纳和总结设计创新维度，作者向不同企业和具有不同经验程度的从事工业设计或产品研发的人员进行了“针对产品美学价值的设计创新状况调查”的问卷调查（详见附录 A），并进行了统计分析（详见附录 B）。

3. 案例分析。案例是研究论点的重要论据，能够直接简明地展现论点。本书不仅要引用大量的案例说明本书各章节的小观点，而且会通过深入剖析代表性案例展现实际中企业是如何做到本书论述的过程和方法。

4. 跨学科研究。产品美学价值的设计创新是一项综合性很强的创新活动，围绕这一主题需要从设计学、美学、管理学和心理学等多个学科中提取相关知识进行分析和归纳总结，通过跨学科交叉分析才能更全面地实现研究目的。

5. 结构化分析。在大部分情况下产品美学价值只是产品价值的一部分，其设计创新过程涉及多层次、多维度要素的协作。结构化分析的目的是在系统科学原理的指导下，站在企业全局的高度，找准产品美学价值的设计创新活动的位置，分清它与相关创新活动的关联与互动，从而以架构的方式厘清其路径。

第六节　研究技术路线

结合产品美学价值设计创新的多元时代背景，本书从多学科的角度，提出全面和系统的创新路径。研究的整体路线如下（见图 1-3）。

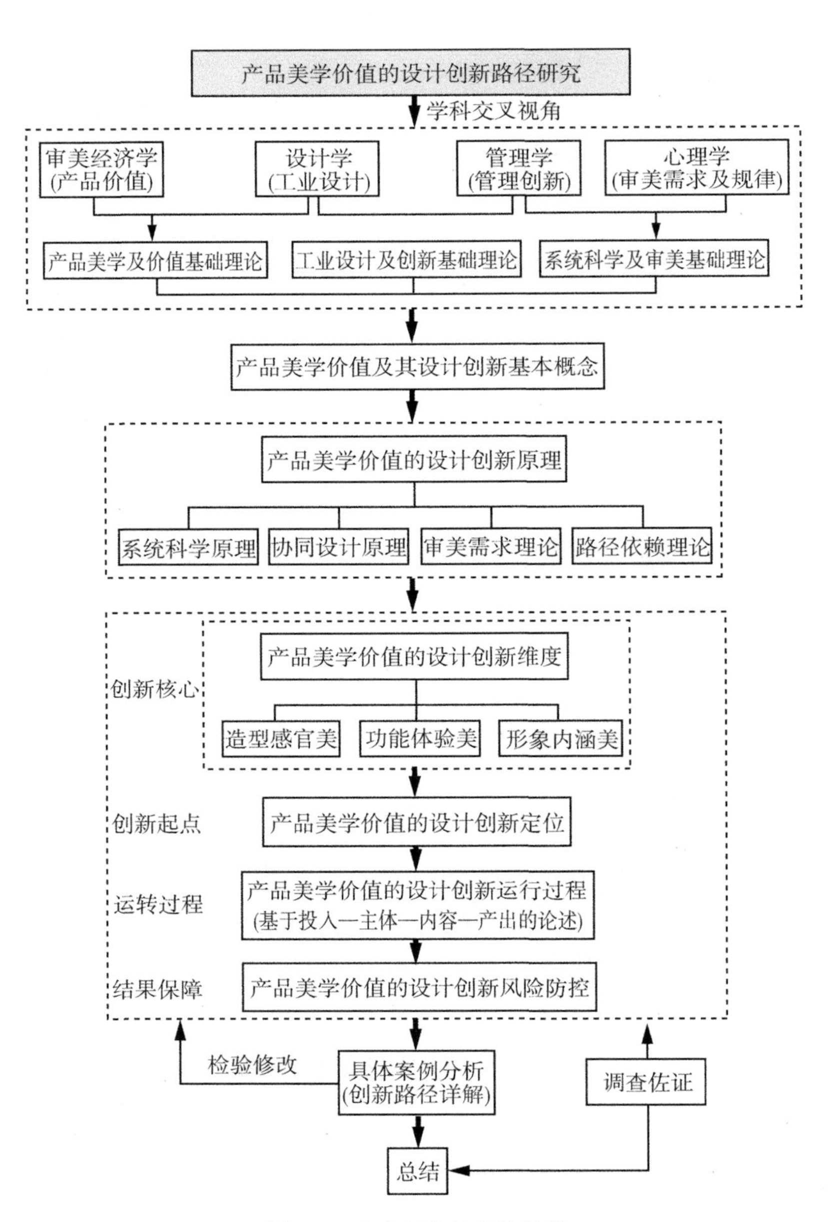

图 1-3 本书研究的整体路线

第二章　产品美学价值及其设计创新基本概念

工业革命以来，无数企业的产品设计实践早已证明产品美学价值的重要性，但关于产品美学价值的定义和特征却很少被系统论述。诚然，对产品美学价值下定义是困难的，但从本书研究的目的来讲是必要的。在综合现有文献基础上，本书将对产品美学价值及其设计创新的概念和特征尝试性地进行全面阐述。

第一节　产品美学价值的基本概念

一、产品美学价值的定义

从哲学上讲价值具有丰富的内涵，因而产生了多种价值观念流派。主流价值观念认为："价值的本质就是一种以主体尺度为尺度的主客体关系，就是客体主体化的过程、结果及其程度"，并且"只有以主体的本性、需要、能力为尺度去衡量客体时，主客体之间才构成价值关系。"①也就是说：人始终是价值关系的核心，不仅是价值选择的主体，而且是价值评价的标准。② 因此，价值可以定义为联系事物与人的范

---

① 黄凯锋．价值论及其部类研究[M]．上海：学林出版社，2005：30-31.

② 袁作兴．审美价值论[J]．长沙电力学院学报(社会科学版)，1998(4)：79-84.

畴，是指某种事物所具有的属性能够满足人的某种需要。

美是一种价值存在，从归属角度来说就是一种审美价值。但“美不自美，因人而彰”，“美”究竟是什么连柏拉图都难以回答。虽然康德认为美是无关利害的，但是美一旦进入现实生活领域，特别是商品经济中，它就必须是功利的。因为“美”的显现离不开审美活动，且“美与关系俱生、俱变、俱衰、俱灭”①。美是一种对美好事物的良好品味的感觉判断，美的事物一般让人产生愉悦，正如车尔尼雪夫斯基所说：“美在人们心中所唤起感觉就像我们当着亲人的面时洋溢着的那种愉悦，这是美的事物之所以美的根据。”根据中国美学史的主要观点，美包含至少三个层次的内涵：一是“羊大”为美，即美与生俱来具有物质功利性，说明美离不开实用需求；二是“羊人”为美，表明审美抑或来源于巫术，体现了美的宗教性和社会性意义，具有象征意义，说明美具有符号意义；三是“女色”为美，体现出美的性爱意义，说明美具有诱惑性利于“种族”的繁殖。②

审美是人类劳动生产演进到一定阶段，随着人对生产对象性能的掌握与熟悉，生产制作技术的提高，以及人的需要不断扩大而出现的一种社会现象。审美价值就是任何自然、社会、艺术领域中的客体形象对主体审美需要的满足。对商品而言，审美价值就是商品审美客体对商品审美主体审美需要的满足和审美能力的提升，可以认为“是一种对审美主体的情感驱动而形成的情感价值”③，属于一种虚构价值。它是人与现实价值关系中的一种区别于使用价值、科学价值的特殊精神价值。

综合有关表述，基于价值和美学的主流观念，产品美学价值可以理解为：产品在一定的社会历史文化背景下，以满足消费者审美需求为主要目地，给人带来审美愉悦和精神享受的一种以物质为载体的无形属性。

---

① 柳冠中．设计的美学特征及评价方法[J]．装饰，1996(2)：4-6.

② 黄柏青．设计美学[M]．北京：北京人民邮电出版社，2016：28-37.

③ 黄柏青．设计美学[M]．北京：北京人民邮电出版社，2016：45.

二、产品美学价值的特征

产品美学价值作为一种含有功利性的审美价值，与产品的其他价值相比具有比较明显的特征：

（一）审美愉悦性

无论是现实物体呈现的美，还是文学艺术表现的美，美的事物一般都会给人带来审美愉悦或者快感。审美愉悦性是产品美学价值的根本属性，也是区别于产品一般价值的首要特征。产品美学价值向消费者提供深度体验与高品质的美感能够让消费者产生愉悦感。

（二）价值依赖性

产品美学价值是一种精神上的无形价值，对它的判断大多数情况只能凭主观感受，很难用标准的统一的评价尺度去衡量。杜书瀛先生曾说："当审美活动、审美愉快以感性活动为基础为起点产生和发展起来之后，还会有升华，但它无论怎样升华，始终不脱离感性经验，不背弃感性经验。"①从价值估算来看，产品美学价值是一种知识型脑力劳动，它的成本判断或价值估算与人工、物料、管理等相关成本计算不同，很难采取直接的量化计算。因此，不同的人会因为情感、价值观、偏好等不同对同样的产品做出不同的价值判断，即不同的人因为不同的认知能力、审美鉴赏力和经济基础等原因对同样的产品形式会做出不同的审美反映。同时由于产品美学价值是以"产品"为载体，而一般产品具有实用功能性，这就导致一般产品的美学价值的存在是以实用功能为前提。如果产品实用功能不能满足消费者需求，产品美学价值就会对消费者失去意义。

---

① 杜书瀛．审美愉悦与感性经验[J]．河北师范大学学报(哲学社会科学版)，2006，29(5)：65-70.

(三)及时观照性

黑格尔说:“感性观照的形式是艺术的特征,因为艺术是用感性形象化的方式把真实呈现于意识。”众所周知,商品包括使用价值和交换价值。使用价值只有商品被使用后才能确定,而审美价值具有及时观照性,即一个产品的美学价值,在消费者所见和体验之初就能体会,不像使用价值要经过一定时间的使用才能判断。而且这种及时关照性能够促进商品的交易。如果说人们购买商品是出于对商品使用价值的追求,那么在使用价值未被验证之前,审美价值就已开始发挥作用。即人们购买商品的决策除了受到广告和品牌的影响外,商品的审美直观感受起着重要的作用,人们会根据商品的审美感受判断商品的品质,商品审美价值承担着对使用价值展示和承诺的作用。①

(四)表现多样性

审美价值与道德、功利等价值相比,对对象自身的形式感依赖最大。技术的革新需要几年、几十年甚至上百年才会出现。美是有意味的形式,根据形式美理论,同样功能的产品可以在形式上做出丰富多彩的变化。在相同技术条件下,无论是功能组合,还是产品形态都可以呈现出无数种可能。比如颜色的变化、肌理的变化、形态的变化等,以及这些因素之间的组合变化。产品美学价值的形式变化大,是产品实现差异化设计的重要理论基础。产品实用功能的发展要受到科技发展水平的制约,而审美形式发展相对具有更自由的表现空间,所以产品的更新换代往往以审美形式的改变和提高为先导。无论是“颠覆式换代”产品,“改进性创新产品”,还是“仿制式创新”产品,审美形式都有其自由发展的空间。② 最难能可贵的是,在商品供过于求的情况下,企业通过对产品

① 徐恒醇. 设计美学[M]. 北京:清华大学出版社,2006:116-118.

② 黄凯锋. 审美价值论[M]. 昆明:云南人民出版社,2005:103.

美学价值的设计创新同样可以实现较好的销量，创造较大的利润。

（五）价值动态性

主客体关系会决定产品美学价值的大小，不同地区和不同时代的社会文化、价值观念有所不同，即使同样的人对同样的产品在不同时间和不同地点，也会因为身份地位、情感变化等某些因素做出不同的价值判断。审美边际效应使产品美学价值会随着市场和时间的变化而产生动态变化，比如一件功能毫无损伤的二手产品会因为其“折旧”而价值降低。为了应对消费者审美疲劳，企业在不断改进产品功能的同时会对产品美学设计推陈出新，而“有计划的废止制”则加速了这种动态变化性。

三、产品美学价值的承载要素

产品美学价值与文学艺术通过语言描述给人美的想象和联想所带来的美学价值不同，它需要建立在实在的物质基础上，也就是不能通过空想获得。产品美学价值既有内在的美也有外在的美，既有虚拟层的美也有现实层的美。范正美（2004）将产品审美价值分为主体实用审美价值和附加实用审美价值，其中附加实用审美价值包括物质形态（色彩、造型、款式等等）和精神形态（品牌、服务、信誉等等）两部分。刘飚（2007）认为商品美学价值客体包含物质实在层、形式符号层、审美意象层。本书认为物质要素、技术要素和精神要素是产品美学价值的三大承载要素。

（一）物质要素

产品美学价值是产品满足人的审美需要的价值，它是通过与产品的实用价值相互统一来满足人们的需求，也就是说产品实体是产品美学价值的前提和载体。作为现实的工业产品，而不是想象中的虚拟产品，其质料及形式是不可缺失的基础和前提。结合一般产品的构成形式，产品美学价值的物质承载要素分如下几点：

1. 材料：材料是产品构成的首要因素。由于不同材料具有不同的属性，其可发挥的形式变化也不同。设计的发展离不开材料科学技术的发展，产品美学价值自然也离不开材料的表现形式。如果20世纪60年代没有塑料技术的改良，也就不会有诸多形式完美的塑料产品；如果没有碳纤维等材料的发明，也不会有今天诸多轻巧坚固而又韧性好的产品。材料的材质即某种材料的自然属性或者经过工艺处理以一定的形式和触感表现出来的综合效果，可以表现出丰富多彩的美感，既可有温润丝滑之美，也可以有刚硬粗犷之美。

2. 造型：造型是材料经过一定的技术处理后表现出的“姿态”，也是产品之所以能够成为产品必须具备的形式。克莱夫·贝尔(Clive Bell)认为“艺术是有意味的形式”，产品之美何尝不是。通过不同材料和工艺处理，产品造型之美可以丰富多彩，既有静态之美，也有动态之美；既可以简洁，也能繁杂；既能表现人工的智慧，也可以体现自然的神奇。

3. 颜色：颜色是材料表面的一种自然属性或者颜料以一定形式呈现的视觉效果。对产品而言，颜色的效果不仅是一种表现形式，更是科学技术和文化品位的体现。颜色能够给产品带来最直接最敏感的刺激，也能最先给人以相关的联想和想象。在长久的审美经验和文化习俗等原因影响下，许多颜色已经给人们留下了相对固定的感知印象，例如红色代表热情、革命……蓝色代表冷静、科技……黄色代表富贵、警醒……绿色代表和平、自然等。需要注意的是，相同的颜色在不同的地方和不同的氛围下表达的意义会有差异甚至相反。

(二)技术要素

1. 科技：科学技术是第一生产力，没有科学技术，产品的功能和形式的呈现就很难保障。科技可以是人自己创造的，也可以是模仿自然的，有些科技看起来简单，而有些看起来显得十分复杂。无论是社会发展阶段的变化，还是产品革命，都离不开科技的发展。如果没有触控技术，就不会有触碰式屏幕，也就不会有通过轻轻点击就能操控一切的美好体验。可以说，是科技实现人们曾经无法想象或者想象中的生活、生产、消费、分配中的高品质、高效率、更美的、更合理的“形式”。科技征服着自然，也征服着人和人们的心理。从一般经验来看，消费者对科技的美感直接来源于科技通过产品或者载体表现出的效果，也就是说在产品价值中消费者并不在乎科技的本身，而在于科技体现的“美”的结果。

2. 工艺：如果说科技是保障产品功能实现的背后力量，则工艺就是产品功能以及诸多形式设计转化为现实产品的能力。它本质是科学，但核心价值在于把“合规律性”的设计充分体现出来，为产品的艺术性添加美，为产品的技术实现可行性，为产品的经济性减少成本。中国木工的“卯榫”结构，弯木工艺为家具的设计创新带来了无限的空间和表现形式。当今，随着物理、化学、生物等各类科学的发展，人类创造和发明了无数种生产和处理产品的工艺。

3. 人机因素：人机工程学就是要研究如何让“人-机-环境”系统总体性能最优，以满足安全、高效、舒适、健康和经济的综合效能最优为设计目标。产品的美不是纯艺术的美，也不会在于或者止于欣赏，更在于消费者的使用体验。人机设计是产品隐藏在内的功能设计与可解除的外在表现形式的桥梁。能否将产品的内外美融合一体，实现产品价值的关键一环就是人机设计。人机设计可以实现也应该实现的是产品安全、可用、易用、高效和舒适的体验。

(三)精神要素

精神要素也可被称为符号要素。满足人的精神审美需求是产品美学价值的根本，是实现美在于“合目的形式”的体现。符号作为某种意义的载体，一种精神的外在表现形式，能够体现信息、情感、观念、文化等内容。符号所指称和代表的事物能牵动人的精神意识，从而影响人的价值判断。人的精神需求的多样性和审美心理的复杂性决定了美的形式的多样性。物质要素、技术要素是构成产品美学价值的重要组成部分，但仅仅这些是不够的。比如纪念性的、象征性的、个性化的、传承性的、未来性的产品虽然离不开一定的物质和技术条件，但物质和技术只是设计的载体和手段，它所要体现的更多是情感、价值观、文化意识等精神需求。

随着工业化和经济全球化的发展，以“形式追随功能”为原则的现代主义产品风格曾风靡全球，产品通过标准化设计和生产追求经济利益最大化。但随后出现的解构主义、波普风格等艺术形式追求个性和情感，产品设计呈现多元风格。随着“民族的也是世界的”共识越来越强，产品设计中以传承传统优秀文化和民族元素的作品越来越多，这样的作品也得到越来越多消费者的喜爱。还有众多旅游、会议、展览中的产品并不体现物质和技术所体现的美，但在文化创意产业中却发挥着越来越重要的价值。

四、产品美学价值的影响因素

关于产品美学价值的影响因素，从美学和经济学的角度会有不同的看法。美学分析价值一般会按照主体、客体以及主客体关系三大环节进行，而经济学一般会结合生产、消费、分配和交换等经济活动环节进行。无论何种价值活动都是在一定的社会背景和条件下进行，产品美学价值同样离不开社会大的影响因素。因此，影响产品美学价值的首先是社会因素；其次，美学价值的主体是人，在产品创造，生产、销售和消费的整个过程中，人都是直接主体或间接主体。由于人的思想、行为、能力是复杂的，而且在不同社会环境和心理作用下会发生变动，因此，影响产品美学价值的因素也是复杂的。根据产品美学价值分为创造和实现过程，结合一般产品在寿命周期内涉及的主体——设计者、生产者、经营者、消费者，对影响产品美学价值的因素可以划分为多个层面进行分析。

（一）宏观性因素

产品美学价值作为商品价值的一种或一部分，它的实现受到供给和需求关系的影响，因此社会经济发展水平、科技条件、政策环境等影响供求关系的因素自然会影响产品美学价值。

1. 经济水平。经济水平决定消费能力，也决定一个国家或地区的整体消费结构，即消费者不同消费品的比例。其中著名的理论是恩格尔系数，它是指食品支出总额占个人消费支出总额的比重，是表明生活水平高低的一个指标，系数越高表明越穷。在一个经济水平发展低下的国家或地区，温饱性产品是首需，很少有人去关注产品美学价值。

2. 科技发展。科学技术是第一生产力，发达的科学技术可以帮助人们实现更多的产品功能和更丰富的产品。新材料、新技术的发明，极大地丰富了产品材质和造型的表现性。互联网技术、大数据分析技术、智能制造技术的发展，又极大地帮助了企业和设计师对消费者需求和满意度的分析，为产品美学设计的个性化、批量化定制提供了技术支撑。

3. 政策环境。一个国家或地区的政策对地方经济文化的发展具有引导作用，产业及其相关政策会影响产业的发展方向。产品美学价值的实现离不开积极的政策环境。英国前首相撒切尔夫人曾说过：英国可以没有政府，但不能没有工业设计。英国的设计产业引领着世界的发展与其国家良好的政策环境有着密切的关系。中国目前正在积极推进文化创意产业的发展，我国沿海发达地区的文化创意产业正在带领地区经济的发展。

4. 市场消费需求。市场消费需求即社会消费者的需求总体情况，它是多种因素影响的结果。例如，日本东京是世界最发达也是人口密度最大的城市之一，在经济水平、环保意识、交通状况、可替代出行方式等因素的变化发展下，人们对汽车需求的变化经历了“无需求→潜在需求→充分需求→过度需求→下降需求→负需求”的阶段。① 在消费需求

① http：//www.dss.gov.cn/News_wenzhang.asp？ArticleID = 383169. 王欢欢，申星．企业管理，2015(12).

不断变弱的产品上进行美学价值创造，虽然能够为单个产品带来一定竞争力，但总体上看，价值实现比较困难，也会影响设计师在某类产品上的设计热情。

5. 审美观念。审美观念是在一定历史环境下社会对审美形式的态度，这种态度决定着商品美学价值是否被认可和接纳，顺应审美观念潮流的产品美学价值比落后或者过于超前的产品美学价值更能被社会接受。不同国家和地区的审美观念会有所不同，而且随着时代的发展，同一地区人们的审美观念也会发生变化。

(二)中观性因素

中观性因素是指与产品美学价值相关的机构、企业和销售单位，它们的决策、组织和管理方式对产品美学价值的创造与实现起着至关重要的作用。根据一般产品的上市及交易过程，将中观因素分为以下几个方面：

1. 研发过程。设计单位的审美观、可利用资源、审美经验、设计及包装能力都会影响产品美学价值的创造；企业可以根据市场调查况对现有产品进行差异化设计，也可能会根据社会发展趋势，甚至自主设计创新引领潮流。

2. 生产过程。产品设计出来而生产不出来或者不符合设计标准，也会影响产品的美学价值。现代社会由于组织分工越来越细，研发设计和生产制造往往是分开的。许多企业将设计研发的结果外包给代工企业生产，因此生产单位的管理水平、资金、技术条件等因素对产品美学价值的保障至关重要，当然这与研发设计单位的设计要求和监督措施有很大关系。

3. 销售过程。销售单位对产品的宣传、展示、营销会影响产品的审美效果和消费者的销售行为。诸多研究表明，在商品销售过程中，商品摆放的位置，甚至在货架上的不同层次都会对产品销售产生重大影响。同时，一些别致的招牌、促销广告更容易吸引消费者注意产品。

（三）微观性因素

微观性因素主要涉及产品美学价值的购买者，即具体的消费者。消费者是产品美学价值的最终实现者，而消费者的审美观、审美经验、经济基础、审美的情感情绪都会影响产品美学价值的消费；同样一批产品在不同地区和民族可能出现完全不同的价值接受情况。Peter H. Bloch等人还将人们对产品外观美学感知的差异分价值维、敏感维与反应维三个维度专门进行了研究，指出不同人的感知差异性较大。从消费行为的角度看，有特殊消费行为的人会自动屏蔽某些产品及其价值。比如，专注消费行为的人可能只对某一品牌或某一类型产品感兴趣；以民族中心主义为主的消费者会在面临选择时偏好本民族产品，甚至完全排斥非本民族产品。从心理定式来看，人在长期的审美活动中会形成一种心理选择倾向，美国心理学家克雷奇认为知觉定式受到早先的经验和需要、情绪、价值观念等一些重要个人因素的影响。这就意味着在同样的场景下面对同样的产品，不同消费者可能产生天壤之别的价值判断。

除了以上影响因素外，临时法规、经济危机、名族战争、民族或区域冲突等偶发性因素也会影响产品美学价值。综合上述内容，产品美学价值的影响因素如下图所示（图2-1）。

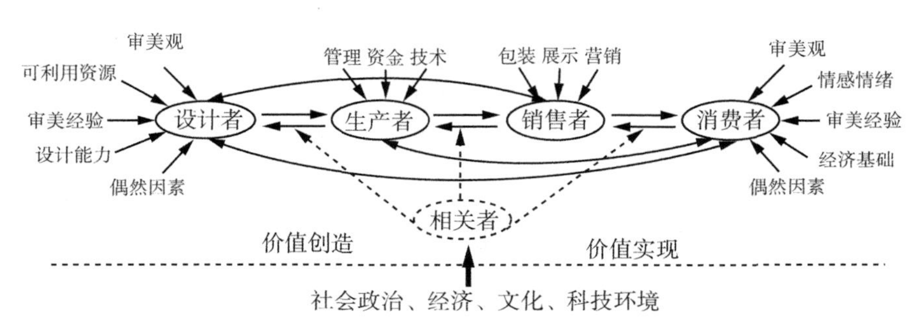

图2-1　产品美学价值的影响因素

图片来源：作者绘制

第二节　产品美学价值的设计创新基本概念

一、产品美学价值与设计创新的关联

时代总是向前发展，产品美学价值在时代洪流中如逆水行舟。不管多么经典的产品，都会随着时代的发展，由于产品技术的进步、价值观念的改变、审美趣味的变更和替代品的出现等原因显得“过时”，从而被市场淘汰①(如图 2-2)，更不用提企业为了商业目的进行“有计划的废止制度”。因此，在社会环境发展变化和商业竞争等多重因素影响下，企业需要不断地对产品进行功能、形式或服务等某一方面或多方面进行创新。其中，产品形式的变化是最普遍也是最频繁的创新形式。

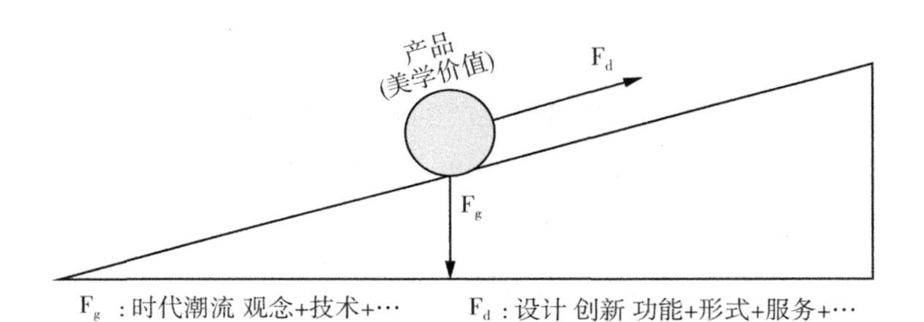

图 2-2　处于时代“斜坡”的产品美学价值

图片来源：作者绘制

马克思说：“人也按照美的规律来建造”，设计作为一种建造活动天然与“美”相关联。② 马克·第亚尼认为：“在后现代社会，设计正努力向艺术靠拢，也要同艺术一样，随着不确定的情感，制造一种不确定

① 当然也有极少数经典产品会因岁月的磨砺变得更具有历史价值，被私人或博物馆收藏。

② 陈望衡．艺术设计美学[M]．武汉：武汉大学出版社，2000：1.

的和时时变化的东西。”①美学设计是一个过去被忽略的创新维度，这个维度和消费者的行为习惯相关，并且许多产品的创新性主要就是美学设计方面。甚至有人认为“设计的职责就在于美化产品”。② 因此，设计创新是产品美学价值创造和实现必不可少的手段，创造产品美学价值也是设计创新的重要内容。

在当代激烈的竞争环境中，如果忽视了产品的美观度和可用性，往往就无法吸引挑剔的消费者。即使是一个功能良好的产品，如果它的功能不能直接鲜明地从形式上表现出来，那么就无法为人所感知，也就不能体现其功能美。美国最著名的工业设计师罗维在 20 世纪 30 年代就提出“美是销售成功的钥匙、丑货滞销”的观点。1929 年美国爆发了严重的经济危机，一些工业设计师通过作品和实践成功地说服了甚至最谨慎的企业家设计并生产高品质的产品，让无数企业相信“美是销售成功的钥匙”。③ 如今设计创新作为解决工业产品(消费产品、生产设备等)中“人与物”关系的创造性手段，已成为企业满足顾客需要以及提供差异化产品的有力工具。设计差异化已日益成为企业差异化战略的重点，美学形式的差异化已经成为企业重要的竞争手段和消费者选购商品决策的关键。

二、产品美学价值的设计创新概念

设计创新，也被称为创新设计。创新是设计的本质特征已经成为学者的共识，但是因为设计涵盖的对象范围较广，知识层面较多，设计创新的定义难有统一的答案。尽管如此，关于设计创新有以下几点

---

① [法]马克·第亚尼．非物质社会：后工业世界的设计、文化与技术[M]．滕守尧，译．成都：四川人民出版社，1998：5.

② [法]奥利维耶·阿苏利．审美资本主义：品位的工业化[M]．黄琰，译．上海：华东师范大学出版社，2013：141.

③ 季欣．关于构建审美经济学的设想——凌继尧先生访谈录[J]．东南大学学报(哲学社会科学版)，2006，8(2)：109-112.

是可以肯定的：(1)它是一种具有创意的创造活动；(2)它是一项具有科学性和系统性的思维方式；(3)它的目标是产生具有一定“新”的意义的事物；(4)它的根本目的是满足人们在物质和精神上的某种或多种需求。

根据现有研究文献的理论基础，本书认为设计创新是设计主体通过运用新的设计理论、设计方法、设计手段和设计要素或要素新的组合创造出符合一定目标对象需求的新产品或服务的活动。对于产品而言，设计创新就是运用一定技术和创意，创造出具有新形式、新功能或新内涵的产品的过程。产品设计创新就是狭义的工业设计，它是人经由科技所研发出新的技术成果转化为产品，符合人类的需求与有益环保的核心过程，是技术创新与知识创新的整合，是产品、市场、技术、文化等相互转化的系统方法。

所谓产品美学价值的设计创新，是指创造主体根据而不囿于市场需求，通过工业设计与工程技术、市场营销等相关要素的协同，整合企业内外相关资源，创造具有美学价值的产品或对现有产品美学价值进行提升的创新过程。

三、产品美学价值的设计创新特征

产品美学价值的设计创新呈现实用性与艺术性相统一、主观性与客观性相统一、个体性与社会性相统一、未来性与现实性相统一、标准化与独特性相统一等六大特征。

(一)实用性与艺术性统一

一般来说，工业产品设计分为物质实用和精神审美两大功能。产品设计不同于艺术设计的关键是产品设计是为了满足某种实用目的而进行的活动，但实用目的的满足不是产品的全部。国内美学大师李泽厚先生很早就提出产品不仅要追求功能美，也要追求工艺美，要从产品本身的功能定位、结构形式来平衡功能与审美，重视材质美和结构，功能性与艺术性不可偏废。① 功利性特征是商品审美的基础和先决条件，没有功利性商品审美也就无从谈起。② 除非是纯粹的工艺品，一般工业产品的美学价值不是独立的，这也就决定了一般产品的设计创新必须将实用性与艺术性结合起来。至于实用性多还是艺术性多，这就需要看产品的类别、针对的人群以及使用环境等条件来定。产品美学价值设计创新既是一项科学活动也是一项艺术活动。

（二）主观性与客观性统一

产品美学价值的创造需要充分发挥设计者的主观能动性，设计者是在一定目的驱使下针对某种社会需求进行的创新活动，个人的审美观念、创新能力、创造手法直接影响产品美学效果和社会价值，这也是许多企业或组织愿意花大量的资金聘请知名设计师的原因。设计创新毕竟不是纯艺术创作，任何创造活动也必然会受到客观因素的限制，比如文化观念、资源条件、资金设备投入状况等，因此设计师被认为是“戴着镣铐的舞者”，产品美学价值的设计创新必须将主观能动性与客观条件结合起来。

（三）个体性与社会性统一

一般设计创新的主体是设计师个体或者团队，而设计创新的客体——产品，则是面向社会大众。产品美学价值的设计创新是相对个体化的设计师创造出满足社会消费需求价值的过程。为了尽量满足大多数目标消费群体的需求，设计创新往往需要设计研究。设计师或企业不能把目标对象包含的所有人群进行研究，而是通过抽样调查等方式了解目标群体整体情况。人物模型设计和目标设计等现代设计方法就是为了适应设计个体性与社会性的设计创新要求。为了将两者结合起来，一般选

① 李泽厚．略论艺术种类[N]．文汇报，1962-11-15。

② 姚君喜．商品审美的功利性特征．西北民族学院学报(哲学社会科学版)，1992 年专样．转自姚君喜《我国商品美学研究综述》一文。

择的个体对象要非常具有代表性，同时在设计创新过程中注重用户参与、头脑风暴等形式，以及大数据的分析。

（四）未来性与现实性统一

设计创新不是机械复制和一般脑力劳动，它的创新性更需要体现社会发展趋势，甚至引领社会创新潮流。时尚设计就是通过产品美学价值的设计创新引领社会潮流，不断创造新的需求。随着时代的发展，设计关注的焦点正在由关注产品本身向关注产品背后蕴涵的人与事，产品与人和社会的关系，以及未来人们的生活方式的方向发展（如图 2-3）。未来的生活永远是人们期待的，许多消费者也许对未来的生活有一定的构想，但是由于审美经验和设计知识的局限，很难设想和创造出自己未来真正需要的产品，而这正是设计师需要发挥价值的地方。因此，把握当下，解决消费者现实需要是设计师的职责，憧憬未来，为消费者设计和创造更加美好的未来，更是设计师的天职。

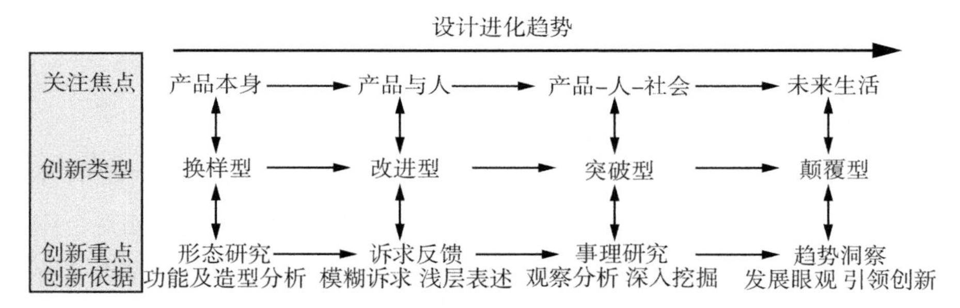

图 2-3　设计的发展趋势

图片来源：作者绘制

在开发和设计具有前沿引领性的产品时，一些创新型公司是很少做用户调查的。比如，苹果公司就是一家几乎不专门做用户调查的大型公司。他们虽然不做问卷调查，但产品设计绝不是闭门造车。如何以专业眼光透过表面消费需求洞察潜在趋势才是设计创新的优势所在。所以在现实的基础上，对未来趋势进行分析就是设计创新企业必须思考的问题，对趋势的预测将引导公司的设计走向和产品创新重点。重视创新的企业对未来五年至十年的社会发展都会有自己的预测，无论是三星还是苹果公司每一次产品创新都对消费趋势有预测。苹果 2007 年推出的 iPhone 就被乔布斯定义为引领创新至少五年的产品。

(五)标准化与独特性统一

工业产品设计一旦落实到生产，就不得不考虑标准化，这也是工业产品与手工艺产品的最大区别。美国数学家 G. D. 伯克霍夫在 1932 年就提出了审美度的概念，他将审美度(M)定义为秩序(O)与复杂性(C)之商：M=O/C。秩序利于人们识别，产品越是含有秩序就越容易引起使用者或观者的愉悦。产品设计风格从发展趋势来看越来越简洁，产品美学价值的设计创新不是一般重复性劳动，每个新方案的设计最大的忌讳是重复。因此，在标准生产要求与设计创新之间，就需要找到合理平衡。正是因为这样，虽然设计和新的设计方法会减少设计创新的劳动时间，但与一般生产制造相比，产品美学价值的设计创新活动的学习曲线①不会很明显，见图 2-4。

四、产品美学价值的设计创新原则

(一)尊重人

尊重人就应该做到“以人为本”，即以用户为中心。以人为中心的设计思想很早就有，但是直到 20 世纪 50 年代随着“人机工程学”(也有人称劳动科学)的兴起和发展才真正地被重视起来，并走上科学的道

① 学习曲线是一种动态的生产函数，表示累计平均工时与累计产量的函数关系。它是“二战”期间，美国康乃尔大学 T. Pwright 博士在总结飞机制造经验时提出的理论。该理论表明，在生产制造过程中单位平均直接人工和边际人工会随着累计产量的增加按一定比例下降。

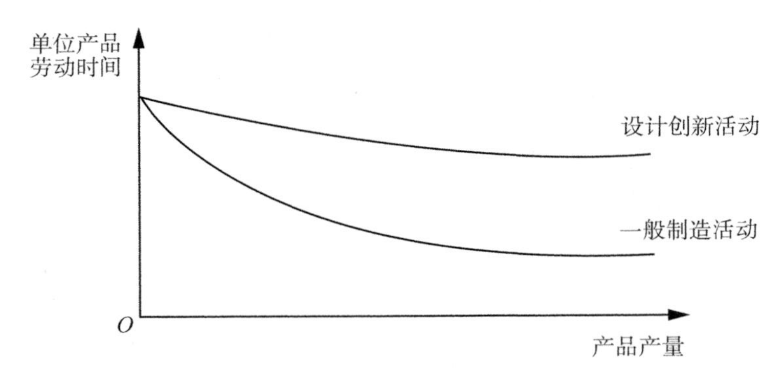

图 2-4　产品设计创新的学习曲线

图片来源：作者绘制

路。设计创新的目的不是仅仅为了满足机器生产和商业利润，更是为了改善生活质量、提高劳动效率和满足合理的审美需求。在产品设计创新时，必须依据对象的身体、心理、生活或工作的特征进行设计，充分运用科学技术、设计形式创造科学合理的满足需求的产品。

作为设计创新者来说，尊重人还有一点必须注意，就是尊重他人劳动成果和知识产权，一切设计创新必须是原创，借用他人成果必须取得同意。偷窃他人创新成果不仅会违反有关法律法规，也会丧失设计师的尊严和企业诚信。某一段时间内，我国山寨之风盛行，不仅导致许多企业之间产权纠纷，而且严重地损害了我国在国际上的创新形象，导致许多国际设计创新展览不愿邀请中国企业参加。

（二）尊重社会

尊重社会首先要做到不违背社会有关的设计法律法规。在一个法制健全的社会，任何行业都有相应的法律法规和生产标准。设计创新不能采用有害材料、不合法程序进行创新。其次是不能违背社会伦理。当前有许多设计者或企业为了吸引眼球，追求广告效应，不惜用色情、暴力、犯罪等场景，这样虽然能够吸引更多的眼球，但也会遭受更多的唾骂。

（三）尊重自然

长期以来，我们人类为了实现自己的欲望，不惜手段征服自然，利用自然。随着工业化对世界环境和资源造成极大的破坏，各种越来越严重的气象灾害、环境污染、核污染等自然和人为灾害对人类已经造成巨大创伤。从 20 世纪 70 年代开始，世界各国开始联合起来保护自然，力求在生产和消费各个环节做到节约资源，保护环境，维护人类的可持续发展。由此也诞生了绿色设计、低碳设计、可持续设计等设计理念，人与自然的和谐之美也成为设计的最高境界。

五、产品美学价值的设计创新对象

按照一般产品美学价值的比重，可以将产品美学价值的设计创新对象分为实用型、实用审美型、审美型三种产品。

（一）实用型产品

实用型产品是指以产品实用功能作为衡量标准的产品，一般强调产品对生活、工作和生产的效率、效益，即以省时、省力、省心为标准。实用型产品一般包括生产类机械、一般工具类、厨具类等产品。实用型产品强调功能性，并不是不需要美学设计，美学的要求视产品使用的环境和竞争状况不同有所区别。虽然该类产品的美学价值常被认为是次要的，但是不论从颜色、材料质感，还是造型上对该类产品进行设计创新都能够提升产品的安全性、舒适性和合理性设计。比如，园丁使用的一般修建类工具——剪刀，在没有优化以前很容易让园丁患上腱鞘炎，利用人机工程学原理设计后的剪刀，不仅造型更美观，而且操作更舒适，使用效率更高。在机械装备和一般工具上通过红、黄等颜色的设计，不仅显得产品时尚，更能让使用者清晰地区分产品功能区。

（二）实用审美型产品

实用审美型产品是指在突出产品功能的同时，对产品美观和舒适性也具有较高的要求。实用审美型产品一般出现在技术相对比较成熟的领域，无论是厂家之间处于市场竞争，还是消费者的功能需求，都要求该类产品具有一定的审美性，特别是家具类产品、电子消费类产品、汽车、游艇。实用审美型产品的美学设计主要是为了增强产品的竞争力，以美学设计突出产品与众不同，以期得到更多消费者的青睐。对消费者而言，这类产品的功能、形式与产品内涵一样都不能少。

（三）审美型产品

审美型产品以产品美学特征为核心，主要集中在工艺品、装饰品和奢侈品领域。审美型产品对形式美要求特别高，但并不是不需要功能，而是功能在此类产品中已经成了基础和必需。比如奢侈品，这是一类跨度相当大的产品类别，几乎涵盖所有个人消费品。诸如汽车、电子消费品等产品的功能性要求很高，但其价值更多体现在设计创新性、体验服务、品质保障等品牌层面。

各类型产品并不存在严格的划分，也无法划清界限。同样种类的产品由于美学价值的设计创新程度不同可能同时处于三个类型当中，各类型产品的美学价值的重要性在一定情况下会发生逆变（如图 2-5）。这可以从两个方面理解：一是在技术条件难以突破情况下，由于竞争的需要导致产品美学价值重要性提升，即实用型产品可能转化为实用审美型，实用审美型可能转换为审美型产品；二是在技术取得突破创新或者时代审美观念变革的影响下，原来属于高档的审美型产品变得大众化。正如俗话所说："今日的奢侈品可能变为明日的必需品。"这在社会消费结构和消费文化发生转变时最容易体现。

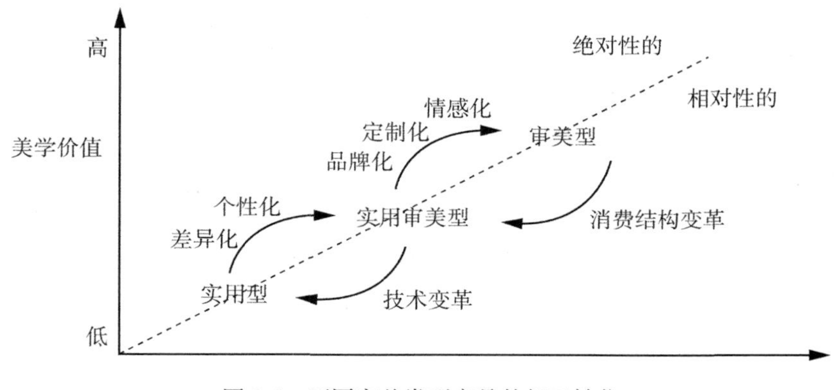

图 2-5　不同审美类型产品的相互转化

图片来源：作者绘制

第三节　产品美学价值的设计创新社会效应

产品美学价值作为产品的一种价值，在增强产品竞争力的同时，在社会发展中的经济、文化、政治、技术领域都有着极大的贡献。

一、经济效应

（一）产业经济效应

“最初的审美产生于劳动，然而审美一经产生又反过来提高了劳动产品的质量，有利于生产的提高。”①《审美资本主义》告诉我们，审美的动因成为当代经济增长的动力。21 世纪初的新颖之处并不在于文化产业的诞生——因为早在第二次世界大战之后文化产业就开始发展，而是审美成为经济发展的重要手段，成为消费的催化剂和兴奋剂，尤其是

① 郑应杰，郑奕．工业美学[M]．长春：东北师范大学出版社，1987.

对那些一贯缺乏审美维度的产品。① 欧、美、日、韩等一些国家通过出台一系列鼓励企业设计创新的政策，并大力扶持文化创意产业发展，极大地促进了本国经济的发展。目前我国正在实施创新战略，也在大力发展文化创意产业，在这之中，产品美学所发挥的经济价值是有目共睹的。在当前国家鼓励“大众创新、万众创业”的背景下，通过“众创、众包、众扶、众筹”等平台和相关政策，创业者、设计师、文创产业从业者更有机会通过产品美学价值来创造创业机会、实现设计梦想和引爆企业经济的增长点。

（二）企业经济效应

在当代激烈的竞争环境中，如果忽视了美观度和可用性，往往就无法吸引挑剔的消费者。

1. 增强产品竞争力。产品美学价值的设计创新可以持续增强产品的竞争力，延长产品的寿命周期。最典型的例子莫过于苹果公司的iMac 糖果型电脑依靠充分发挥美学价值，让公司从生死边缘重获新生。20 世纪 90 年代初，苹果公司业绩开始下滑，就在公司危难之际，他们请乔布斯回来并重掌公司。第二年，即 1998 年，苹果推出全透明彩色电脑 iMac，产品功能本身没有多少改变，但凭着整体的有机曲线形态和全新的色彩视觉效果引起了极大的市场反应，上市第一周，就取得了15 万台的销售业绩，并且最终让公司重新赢得了市场地位。

2. 增加产品附加值。产品美学价值的设计创新是一种依靠知识和创意的创造性脑力劳动，毫无疑问本身其就具有商业价值。这种商品价值的溢价能力很强，能够为企业产品带来价值的标杆效应。美国 Amana 家用电器公司的产品一向以高质量著称，但家电的外观却看不出来质量有多好。后来改进产品外观各个细节，以彰显其高贵的品质。虽然每台

---

① ［法］奥利维耶·阿苏利．审美资本主义：品位的工业化［M］．黄琰，译．上海：华东师范大学出版社，2013：2.

电器的成本平均增加了 0.3 美元，但销售价格平均上涨了 100 美元，由此获得了 2000 多万美元的年利润(公司被全美四大家电制造商之一的美泰克收购)。企业必须理解市场和消费的需要、愿望和偏好，运用心理美学原理将理念融入产品，才能看到实实在在的利益。①

3. 提升企业创新形象。产品美学价值在满足消费者审美需求的同时也反映了消费者的品位。对于创造者而言，产品美学价值同样体现了创造者的品位。企业通过不断的美学设计创新可以向外界传达出企业重视创新，重视产品品位的能力，从而树立良好的品牌形象。例如斯沃琪(Swatch)公司，通过持续的创新，已经让人们觉得手表不再只是一种奢侈品和计时工具，更是一种“戴在手腕上的时装”；阿莱西(Alessi)通过持续的美学设计，已经把实用主义产品转化为给家庭带来全新的、多彩的、巧妙的生活感觉的用品。许多品牌公司、名牌大店都是靠良好的企业素质和企业形象的美学价值来提高产品价值。

二、文化效应

产品美学价值能将国家、区域和民族文化的发展与市场创造有机地结合起来。纵观世界各国，越是发达的国家其设计文化越是先进。德国的细致精准、美国的简单大气、日本的小巧精致、北欧的自然典雅的设计风格无不是通过无数企业和设计师努力的结果。鲜明的设计风格不仅体现了设计文化，而且为企业和地区带来了可持续发展的动力。产品美学价值的文化效应主要体现在审美文化、消费文化、创新文化、物质文化等方面。

(一)审美文化

产品美学价值离不开产品的美学设计，更离不开消费者对产品的鉴

① ［美］普拉哈拉德(Prahalad D.)，［美］索奈(Sawhney R.)．设计的魔力：心理美学带来的商业奇迹［M］．刘倩倩等，译．北京：中国人民大学出版社，2014：15-16.

赏、品位、评价、购买等消费行为。产品美学价值以商品的形式，促进创造者和消费者的审美品位。产品美学价值在“创造”与“消费”的互动过程中，增强了社会的审美能力，促进了社会审美文化的发展。

(二)消费文化

消费包括物质消费、服务消费和精神消费。经济水平发展到一定层次后，人们消费观念和消费行为由注重物质需要向心理审美需要转变。随之而来的是消费观念、消费方式、消费行为和消费环境的改变。一件好的设计品被批量生产后会产生极大的影响，这种影响会转化为人们购物时品位的改进，即通过对消费品的优良设计可以促进公众品位水平的提升。

(三)创新文化

产品美学价值的本质是产品所包含的“美”。美的表现是多种多样的，但是不管如何，具有美学价值的产品必定从形态、呈现方式、情感联结等某一方面或多方面是创新的。因为“单一性是麻木和厌烦的源头，我们的心灵不能够长时间感受相同的情境”,① 所以产品美学的繁荣将会带来创新的繁荣和创新文化的发展。

(四)物质文化

物质文化是为了满足人类生存和发展需要所创造的物质产品及其所体现的文化的总成。产品美学价值是大多数产品必不可少的部分，也可以说产品是美学价值存在的客观载体。审美的内容和形式是多种多样的，产品与美学设计结合，就不仅增强了产品价值，更丰富了产品的形式和产品所承载的内涵。设计创新可以将民族文化、科技文化等多种文

---

① [法]奥利维耶·阿苏利．审美资本主义：品位的工业化[M]．黄琰，译．上海：华东师范大学出版社，2013：63.

化以不同的美学形式融入产品设计之中，在满足人们审美需求的同时，自然而然地丰富了社会的物质文化内容和内涵。

三、政治效应

产品美学价值的政治价值主要体现在政府外交礼仪、区域经济治理和国家文明形象等三个方面。

(一)政府外交礼仪

“礼尚往来”不仅是个人礼节，也是礼仪之邦的优秀传统，所以在国与国之间、地区之间，甚至不同单位之间经常都会有互赠礼品的习惯。这些产品的优劣好坏不一定通过价格高低来体现，但至少代表了所赠方的真诚与友好，所以这些互赠的礼品不一定是高新科技产品，但一定是被认为代表国家或地方经济文化最具特色，精美绝伦的产品。

(二)区域经济治理

不同的地区和民族都有自己独特的文化，不论是传统文化还是现代创新文化，都离不开产品美学价值。一般来讲，经济发达地区的现代文化或者创新文化多些，而落后地区的传统文化更突出些。对一个国家或者地区来讲，需要保持内部发展各方面的平衡与和谐，通过以设计为手段，以美学价值、经济价值为呈现形式的地区新旧文化的交融与发展是必不可少的发展方式。日本的设计文化以“双轨制”著称，即在保留传统文化的同时，也积极融入全球现代文化，通过诸多日本优秀产品我们可以发现，无论在传统文化的继承和发扬上还是新文化的体现上日本产品都给人以“美”的享受。

(三)国家文明形象

国家或地区举办大的赛事，一般都需要提供配套的形象设计和产品设计。这时产品美学价值不仅承担着产品本身的价值，而且肩负着国家的文明形象。无论是北京奥运会的火炬，还是上海世博会的吉祥物，都是最优秀的设计师做出的最佳产品美学设计，展现了国家深厚的文化底蕴和文明形象。

四、科技效应

“技术”一词来源于希腊文“Tech”，原意是指技能或技艺，在古代技术与艺术是一体的，即技艺。著名诺贝尔奖获得者李政道先生就曾说过：艺术和科学是一个硬币的两面，艺术与科学的本源一致，二者追求的目标一致。① 只是随着社会文明的进步和社会分工的细化，技术与艺术才开始“分离”，但两者之间依然存在共生关系，相互吸纳相互促进。②科技对艺术设计的发展起着巨大的促进作用，反过来艺术设计对科技的发展同样产生巨大贡献。产品美学价值带来的科技效应主要体现在以下几个方面：

(一)促进技术的发明

人类是善于想象的，对于未来的探索和科技美的追求，是发明创造的重要动力源泉。伟大的艺术家、科学家——达·芬奇一生设想了许多巧妙的产品。比如，根据鸟类飞翔形态设计的人造飞行器，其完美的形态和功能预想，成为众多科技先驱进行科学理论和科技发明的动力。而现代苹果电脑对产品的完美追求，毫无疑问一直是激励苹果电脑技术和设计进步的动力。

(二)促进创新技术的扩散

科学技术带来的新材料、新工艺和新技术使得产品“有意味”的美学形式越来越丰富。先进产品的美学形式可以去除先进科技的“高冷”，

① 李政道．科学和艺术——一个硬币的两面[N]．中国青年报，1999-06-10.
② 李宏．科学与美术的共生与背离[D]．东北大学，2008.

通过技术的时尚化，让人们感受技术的“愉悦”，让科技不仅能够轻易走进人们的生活，而且走进人们的心里。不仅如此，美学设计与生俱来的创意，可以实现科学技术在不同产品和不同文化领域的应用。谷歌眼镜(Google Glass)虽然因高昂的售价和其他原因变得不再流行，但它的出现不仅带来了智能眼镜的流行，而且引起穿戴设备的技术和设计竞赛。

第四节　产品美学价值的设计创新取向演变

工业设计伴随工业革命而诞生，18 世纪中期在英国开始的商业化被认为是工业设计的萌芽阶段，1851 年在英国伦敦举办的世界工业博览会被绝大多数设计相关学者和从业者认定为工业设计的真正起点。结合一般现代设计史的划分方法，站在产品美学价值的角度，本书认为世界产品美学价值的设计创新取向主要经历了如下几个阶段的变化：

一、追求机械化阶段

从 18 世纪到 19 世纪人类经历了两次工业革命：第一次起源于 18 世纪 60 年代，以蒸汽机作为动力的工业革命开创了以机器代替手工劳动的时代；第二次是起源于 19 世纪 70 年代前后，以发电机的发明应用为标志，人类进入了电器时代。两次工业革命促进了城市和产业的快速发展，同时促使专业生产分工，使人们深切感受到机械化生产的高效，以及由此带来的社会经济效益。于是机械生产成了社会发展的中心，传统手工艺退居二线。机器成为“多产兽”，但带来的绝大部分产品丑陋不堪，这点可以通过 1851 年英国水晶宫国际工业博览会展示的产品，以及展览后许多艺术家对当时工业产品进行的反思和抵制运动看出来。以约翰·罗斯金和威廉·莫里斯为代表的一批艺术家并不支持工业化，认为大工业生产破坏了美与生产的结合，提出要恢复手工艺，人们应该生产和使用美的产品。虽然他们的运动产生较大影响，但工业化的事实不但没有改变，反而规模越来越大。将机械效率发挥极致而并不注重产品美观性的巅峰代表应该属于20世纪初美国福特流水线生产的发明。产品设计之所以不佳，也许并不是因为工人技术欠佳或设计师素质不高，而是“一味追求数量和利润不顾质量的资本主义生产制度才是罪魁祸首”。①

二、与功能齐驱阶段

20世纪随着科技的不断发展，社会工业化的发展趋势更强，大部分的艺术家已经抛弃了对工业化的偏见，同时越来越多的设计师和企业开始思考产品品质与人们艺术追求的问题。1907年，德国产生了面向工业化生产的组织——德意志制造联盟。在德意志工作联盟的成立宣言中，穆特修斯说：“美术必须与工业、手工操作相结合，为创造优质的生活用品而奋斗。”②联盟首席建筑师彼得·贝伦斯于当年受雇担任德国通用电气公司建筑师和设计协调人，不仅为通用电气设计了产房和企业形象，而且设计了大量美观又符合工业化生产的工业产品。贝伦斯奠定了功能主义设计风格的基础，被认为是工业产品设计的先驱。1919年德国建筑家瓦·格罗皮乌斯在魏玛创建包豪斯学院，推行功能主义美学教育，即把工业技术与艺术相结合，在注重产品功能实现的同时通过造型设计积极创造产品艺术美。随后的20年代通用汽车公司雇用车身建造师哈利·厄尔将美学元素引入汽车设计中，并成立汽车造型设计部，设计更有吸引力的汽车外观。汽车工业中的经验迅速被其他新技术产品的制造商所仿效，例如电冰箱和其他家庭用具、办公设备、电话和收音机。为了抵制经济衰退造成的不利影响，这些制造商决定将艺术“造型”引入产品以击败竞争对手。随后美国工业设计之父雷蒙德·罗维以其出色的设计实践，将工业设计师和设计顾问变为重要的职业，而且使

---

① ［英］阿德里安·福蒂．欲求之物［M］．荀娴煦，译．南京：译林出版社，2014：60.

② 郑应杰，郑奕．工业美学［M］．长春：东北师范大学出版社，1987：34.

得以流线型风格为代表的商品美学大行其道。以办公物品为例，除了少数产品，1940年以前英美等国的产品外观都还呈现明显的机械和工业风格，但是到20世纪40年代末和50年代初，产品外观发生明显变化。

三、体现个性主张阶段

第二次世界大战之后，相对和平的发展环境使得世界范围内工业生产和国民经济快速发展。物质生产的不断丰富和人们经济水平的提高，使得企业之间的竞争加剧，人们的消费观念、审美观念发生了一定的变化。20世纪50年代初英国萌发了"波普艺术"。后来波普艺术鼎盛于美国，并于20世纪60年代流行世界。波普艺术不仅是一场艺术运动，也对设计师和消费者产生巨大审美影响。设计师根据消费者的爱好和趣味进行设计，使得设计开始走向大众化。1959年营销学专家利维主张品牌不再仅仅是一张简单的标签，而是一个复杂的符号，与审美偏好相符。20世纪60年代随着建筑大师文丘里对符合学的推崇，设计符合学在建筑和工业设计领域迅速发展。1962年苏联也成立了技术美学研究院，主要进行两方面的工作：一是理论研究和实验检验；二是研究产品，以制定能满足技术美学要求的规范、形式和标准。20世纪70年代追求个性化表达的后现代主义设计开始盛行，在经济领域出现审美化趋势。美国哥伦比亚大学的施密特（Bemd Schmitt）和西蒙森（Alex Simonson）教授主张企业把美学作为一种战略手段，企业应该建立美学战略和美学管理。物质文化的极大丰富，以及诸多新艺术思想和设计理念的出现，促使设计和消费已经由只关注产品本身或者以功能为中心，向追求产品象征性和个性化方向发展。差异化竞争已经成为企业竞争的重要手段。也正是由于差异化和个性化战略，世界汽车产业中心由美国又重新回到了欧洲。

四、肩负环保责任阶段

工业化的进程并不是一帆风顺的，随着工业的发展，人类的资源面临被消耗殆尽的危机。20世纪70年代的石油危机让人们不得不开始关注资源与环境问题，反思人类的行为。征服自然、利用自然的思想开始被保护自然、节约资源的思想取代。美国设计理论家维克多·帕帕奈克通过《为真实的世界设计》开始呼吁设计要关注地球有限的资源，并且认为设计应该为更多的穷苦人和落后地区做出贡献。从20世纪80年代后期，生态美学的思想开始兴起，“绿色设计”的理念开始诞生，即追求减少物质和能源消耗，减少有害物质排放，设计材料要求可循环利用、可回收或可降解。1987年，世界环境与发展委员会在《我们共同的未来》报告中，首次全面阐述了“可持续发展”的概念。于是，从环境设计到工业产品设计，越来越多的设计者开始践行“资源节约、环境友好”的理念。以“人—环境—产品—自然”和谐共处的生态美也被社会接受。今天看来，设计生态美不仅表现在人与自然的关系中，也表现在人的生活方式和社会生活的状态中。生态美将主客体有机统一的理念，有助于建立与环境有机联系的整体观，也更有助于推动人们生态文化观念的发展和确立健康的生存观念。

五、促进社会发展阶段

20世纪90年代，欧美地区发达国家早已进入后工业时代，服务与创意经济成为社会经济增长的动力。奥利维耶·阿苏利认为20世纪末至今发展的主要趋势就是审美资本主义，它的特征就是审美动因成为经济增长的主要动力。1997年英国首相布莱尔正式提出“创意产业”的概念，并鼓励该产业的大力发展。次年英国政府出台了《英国创意产业路径文件》，开始积极推动包括广告、电影、艺术、设计在内的创意产业的发展。1997年以来，英国文化创意产业年均增长9%，也大大超过传统工业2.8%的增长率。我国沿海发达地区的文化创意产业一直保持高速增长，文化创意产业已经成为深圳、长沙等都市的支柱产业。审美在创意产业中占据了越来越重要的地位。创意产业所生产的文化商品或服务开始行使以前艺术的功能，尤其是审美的功能已经被各种文化产品所共享。文化创意的文化价值与审美价值相辅相成，它们共同构成文化创意的基础，从一定程度来讲，审美价值处于核心性地位。

各个国家的设计史会因经济、社会发展程度不同而存在发展阶段的差异。各个阶段的划分并不存在明确的界限，各阶段之间也不是完全更替前进，而是后一阶段在前一阶段的基础上出现了新的美学追求，原有的产品设计美学价值观念并不一定消失。美学价值追求的变化其实反映了人们的审美需求越来越丰富，审美素质和品位越来越高。

第三章　产品美学价值的设计创新原理

研究对象、物质手段、思维形式及方法、理论工具是科学方法的四个基本要素。产品美学价值的设计创新不是简单的产品美学装饰设计，它是一项创造具有审美价值的产品的科学创新过程，必然离不开一定科学理论的指导。根据产品设计的一般经验，系统科学原理、协同设计原理、审美需求理论和路径依赖理论可以作为产品美学价值的设计创新主要原理。

第一节　系统科学原理

系统科学是由一般系统论及其相关学科构建的理论体系，自 20 世纪 30 年代诞生以来，不断得到丰富和完善。系统论、信息论、控制论作为“老三论”，在社会科学领域发挥着极其重要的科学指导作用。

一、系统性原理

(一)概念与基本原理

系统论诞生于 20 世纪三四十年代，创始人路德维希·冯·贝塔朗菲(Ludwig von Bertalanffy)确立了一般系统的理论和方法，认为世界是有规律的运动的整体系统，系统是由若干具有特定功能的要素相互联系构成的复杂整体。各要素相互作用形成网，整体大于部分简单综合，以及系统的每个部分都起作用是系统的三大主要特征。系统和环境要保持物质、信息和能量的交换才能保持生命。任何系统都可以看做由元素、结构、功能、环境四个要素组成。物质具有整体性、结构性和层次性，各层次之间具有一定关联性，因此考察某个层次必须了解相邻层次。所谓系统方法就是要考虑物质的整体性、结构性、层次性以及关联性，注意要素与要素之间、要素与外部环境之间的相互联系和相互作用。整体原则、联系和制约原则、有序原则、动态原则、最佳原则是系统方法要把握的重要原则。

（二）产品美学价值设计创新的系统性

无论是亚里士多德所提的“任何事物，不管是人造物还是自然物，其形成有四种原因：质料因、动力因、形式因和目的因”,① 还是我国《考工记》中所说的“天有时，地有气，材有美，工有巧，合此四者然后可以为良”,② 都反映了造物活动中很早就有了系统性思维。

20 世纪 60 年代系统学被美国和苏联美学家开始引入美学和艺术研究。80 年代我国有学者开始运用系统思维对美学和艺术进行研究。主要思想为：(1)审美主客体是大系统中的两个相互作用的子系统，各自包含多层次、多方面的因素；(2)运用系统整体性原则来考察审美主客体，把系统视为诸要素整合的有机整体，整体大于部分之和；(3)把文艺创作、作品、欣赏、批评作为一个动态的、开放的系统和反馈过程来看；(4)根据系统多重因素和多层次结构交互作用的观点对艺术创作、欣赏、评论等环节作出最优化的选择和处理。按照一般系统化的观点，任何产品都是在一定的环境下由各种材料以一定的形式组合起来具有相应功能的系统。材料、结构、形式和功能是任何产品不可缺少的部分，各部分相互联系、相互作用，要想获得一定的和谐和较理想功能的产

---

① 引自：凌继尧．亚里士多德的美学思想和四因说[J]．人文杂志，1999(5)：94-99.

② 闻人军．考工记译注[M]．上海：上海古籍出版社，2008.

品，就必须将外部环境、内部构造和目的三个要素统一起来。

（三）产品美学价值设计创新的系统性要素

根据产品功能和设计目的，产品美学价值设计创新既可以属于产品设计大系统中的子系统，也可以是独立的系统。产品美学价值的设计创新表面上是对产品进行艺术设计，实质上是满足人的物质和精神需求。而企业要进行产品设计创新，需要根据企业条件和市场环境进行综合决策。条件和环境不同，则设计创新的定位、方法和过程会有所不同。所以，产品美学价值的设计创新需要从系统思维出发，从创意构想到设计实施都需要结合人、环境、社会三大外部系统以及物质要素、技术要素和精神要素三大内部系统要素进行综合决策，在设计创新过程中，还要注意内部系统要素与外部系统要素之间的相互联系、相互影响（如图 3-1）。

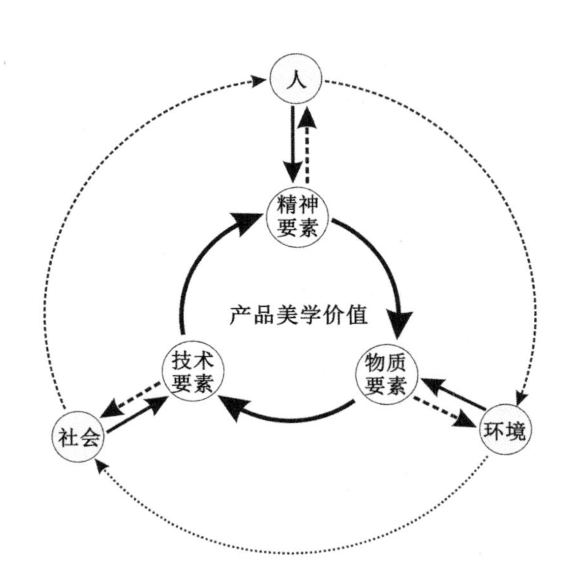

图 3-1　产品美学价值设计创新的系统要素

图片来源：作者绘制

二、信息传达原理

(一)概念与基本原理

信息是物质世界三大要素之一，在人们认识、利用和改造事物的一切活动中起着至关重要的作用。信息论是20世纪40年代美国数学家克劳德·艾尔伍德·香农(Claude Elwood Shannon)在研究通信系统的基础上首次在《通信的数学理论》中提出。它是研究各种各样的信息系统中的信息及其产生、传输和处理等一般规律的科学。目的是提高各种信息传输的有效性和可靠性。一般信息系统由信源、编码器、信道、译码器、信宿组成。由于来源于通信系统理论，信息论的基本模型是通信系统基本模型(如图3-2)。一般信息系统模型各要素如下：

(1)信源：即信息源头，来源于人或事物，图文、声音、数字等都可以；(2)编码器：是对信源进行处理的设备和程序，一般分为信源编码器、信道编码器和调制器；(3)信道：即信号传输的渠道及媒介，通讯中常见的信道一般是电缆、卫星等，而图文的信道一般是书本、影像光盘等。要特别注意的是，在信息传播过程中一般会遇到干扰噪音，不能及时和有效处理将会影响信息的有效性和可靠性；(4)译码器：是将信道传输来的信号进行翻译，使其适合接收者即信宿理解和获取正确消息，它一般由解调器、信道译码器和信源译码器组成；(5)信宿：是信息的接收者，在复杂系统和高端系统中也可能是物。同样的信息在不同人以及同样的人在不同环境下可能会理解为不同的内涵。

(二)产品美学价值设计创新中的信息传输

1958年法国莫尔斯出版《信息论与审美感知》主张用信息论方法研究审美，并在欧美得到广泛传播。信息论美学把美和艺术品都看作一种信息，把艺术家看成信息发送者，把艺术欣赏者看成信息接收者，发送者和接收者的视觉、听觉、大脑等感受系统是传递信息的通道。艺术作

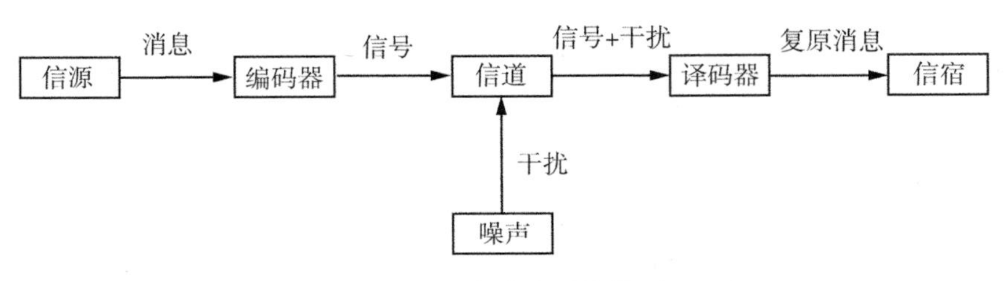

图 3-2　一般信息系统模型

图片来源：焦瑞莉等(2008)

品要能适应于接收者，信息组合必须达到最优化。John B. Best 根据信息论和认知心理学原理把消费者对产品的认知过程分为四个阶段：信息输入、信息存储、信息加工和信息输出。信息的输入渠道是人的感觉，人通过接收外部信息产生感知觉，经过大脑的反应和处理加以存储，然后做出语言、行为等反应。即人在接收信息过程中不是直接地原本地接收信息，会根据以往大脑存储的信息和当时的情感或情绪因素会对信息进行一定的处理，同样的信息对不同的人或者在不同的情况下对人的作用是不一样的。

信息对于产品美学价值创造和实现而言具有至关重要的作用，产品美学设计创新的过程可以看作这样一个过程：创造者根据社会状况等诸多信息(信息源)，转化为自己的设计理念，然后通过产品设计(编译)，以广告等传播媒介传达给社会和消费者(信道)，消费者通过感官和审美经验判断相关信息(破译)，最后做出信息结论和某种消费行为(信宿)。而在产品美学价值信息的传播过程中，可能会受到竞争对手、媒体评介人等第三方的干扰，影响消费者的判断。创造者也会根据社会和消费者的反应对原有产品设计进行价值判断，做出停产或者进行适当设计调整和更新的决定。(如图 3-3)

信息的传输不仅直接影响创造者对产品美学价值的创造和实现，而且对产品美学价值的设计创新过程会起到极大的促进作用。现代网络技

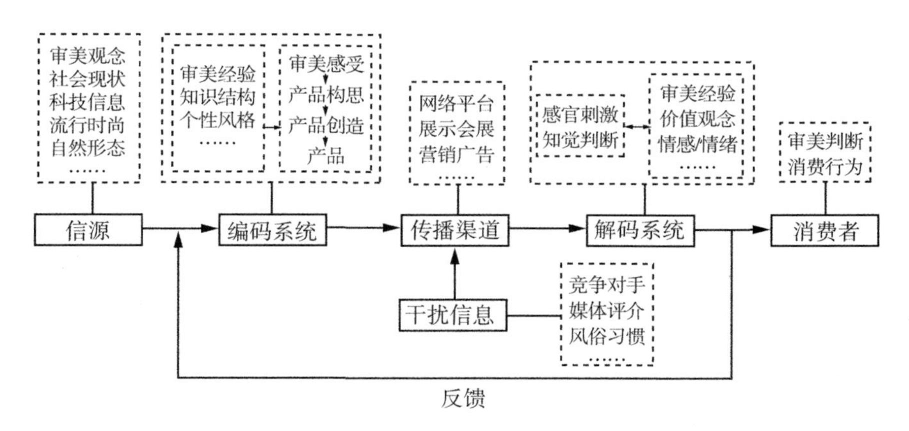

图 3-3　产品美学价值的设计信息传输模型

图片来源：作者绘制

术和通信技术改变了以往一般信息的传输渠道、传输方式。网络化、数据化、智能化等现代生产生活方式极大地促进了人、企业、社会之间的信息沟通。借助于大数据分析和并行工程技术，产品设计周期可以大大缩短，并取得事半功倍的效果。

三、控制反馈原理

(一)概念与基本原理

1948 年维纳出版了题为《控制论：或关于在动物和机器中控制和通讯的科学》的专著，标志着控制论诞生。控制论是在发现目的系统都具有控制和调节的共同规律时建立的关于控制和调节的一般原理的科学。系统目标、控制机构和受控对象是一般控制系统的三大要素。(如图 3-4)黑箱方法、功能模拟法和反馈法是控制论的三大方法。控制工程是动态过程，根据是否需要反馈，一般分为开环和闭环系统。设定预期目标是控制的前提，设置控制目标后需要选择安全可靠而又适应受控对象的控制机构进行控制。这里的控制对象可以不管其复杂性，而只注重其整体性与外部环境的相互作用。为了及时了解控制效果，一般都会建立反馈通道。通过反馈通道可以及时消除主体主观认识和随意性造成控制未能按目标方向发展的问题。

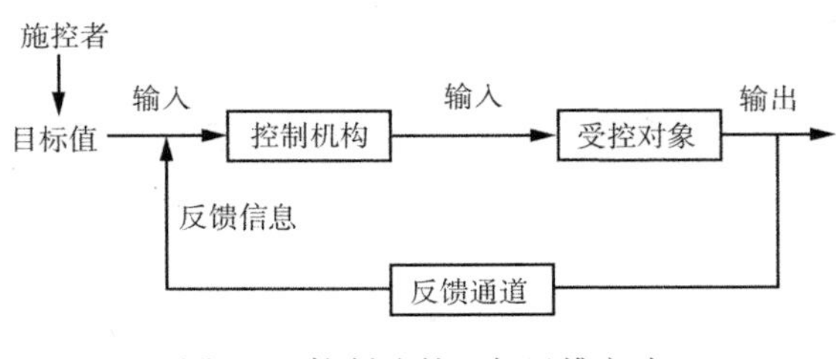

图 3-4　控制论的一般思维方法

图片来源：作者绘制

(二)产品美学价值设计创新中的控制与反馈

控制论创立后不久，该理论就被运用于美学研究。德国贡茨霍伊泽的《审美质量与审美信息》(1962)、奥地利弗兰克的《控制论美学概论》(1968)、苏联佩列韦尔泽夫的《艺术和控制论》(1966)等书就是运用控制论研究美学问题的专著。我国20世纪80年代开始有人运用控制论观点、方法研究美学。把艺术创造和审美欣赏活动看成创作主体通过作品输出审美信息，通过审美主体的接受活动再做出反馈的一个信息环流系统。系统中信息循环，特别是反馈信息的存在，促进这种系统按照预定的目标实现控制，使系统按预定的目的行动。

产品美学价值的设计创新活动是以满足消费审美需求为根本目的，这直接表现为产品在社会中的消费规模、消费周期和消费市场不断提升，这属于典型的有目的系统活动，因此控制是产品美学价值设计创新的必要环节。产品美学价值设计创新的控制环节涉及设计周期的控制、设计成本的控制和设计效果的控制。设计周期目标一般是尽量缩短产品上市时间，因为流行趋势变化较快，市场机遇稍纵即逝，所以需要通过对设计流程、设计团队和资源配送环节进行控制；而设计成本直接关系产品价格从而影响产品利润。为了压缩设计成本或者获取更高利润，就需要做好产品市场定位，从工艺设计、材料选择方面做好控制；设计效果目标即产品美学价值是否满足预定市场消费者审美需求，是否与产品功能完美融为一体。这就需要对设计调研、设计方案创作与选择、设计工程等活动进行控制。为了及时了解和预计设计结果有无偏差，在控制过程中需要建立反馈渠道。(如图 3-5)

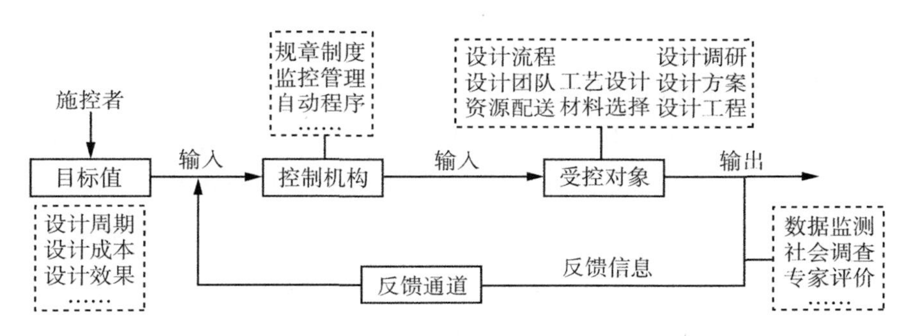

图 3-5　产品美学价值的设计创新控制基本流程

图片来源：作者绘制

第二节　协同设计原理

产品美学价值的设计创新是实践性很强的系统工程，除了需要系统科学理论做指导外，在实践层也需要协同设计原理的指导。

一、协同设计基本原理

1969 年德国物理学家哈肯(Hermann Haken)提出协同学概念，并于一家德文杂志上发表《协同学：一门协作的科学》，随后通过进一步研究和借鉴耗散结构、突变论等新理论，不断完善和丰富有关理论和相关证明，并出版一系列有关书籍和论文，最终形成了协同学理论。协同学主要研究系统中子系统之间如何通过合作产生在空间、时间和结构上更优的宏观系统。它既处理确定性过程又处理随机性过程，即研究开放系统在远离平衡态时如何通过与外界物质和能量的交换，通过内部自组织现象达到均衡有序结构。

协同学是“关于协作的科学”。在一个开放系统中，子系统之间通过信息、能量、物质交换协同工作，将使整个系统产生某种新的或更有意义的效应，以实现某种目的。协同学不仅在物理化学等自然科学领域得到广泛应用，而且在社会科学领域对系统性工作作出了巨大贡献。

协同设计是在协同学有关原理和计算机技术发展的双重影响下诞生的。进入 21 世纪后，随着消费水平和消费文化的改变，制造业面临“大批量定制”的生产方式的考验，企业不仅要满足消费者个性化的需求，还必须节约时间和成本以获取市场机遇和利润。在这种情况下，企业之间、企业部门之间都需要采取更高效的合作方式才能满足企业的生存和发展。协同设计是在计算机集成技术、网络技术和数字化制作技术的支持下，在串行设计、并行设计，以及敏捷制造、精益生产、虚拟设计等工程基础上建立的更为系统和高效的生产方式。研究如何通过提高群组之间的协调配合，使设计更有格局性，更利于生产各个环节的进行是协同设计的目的。

协同设计的协作系统通常由成员角色、共享对象、协作活动和协作事件四个基本元素组成。由于采取非线性流程方式，各设计阶段按照模块分工的方式几乎同步进行，各主体之间互相合作、资源共享、协同决策，减少了不同设计阶段之间以及反馈与再设计之间等时间的间隙。因此比串行设计、并行设计的周期更短，更具有时间成本优势（如图 3-6）。

根据协同设计核心理念和模块分工原则，协同设计的过程可以总结为以下特征：(1)分布散：参与协同设计的成员及部门具有分散性，也可能不属于同一企业，大家主要基于计算机网络平台进行协作；(2)动

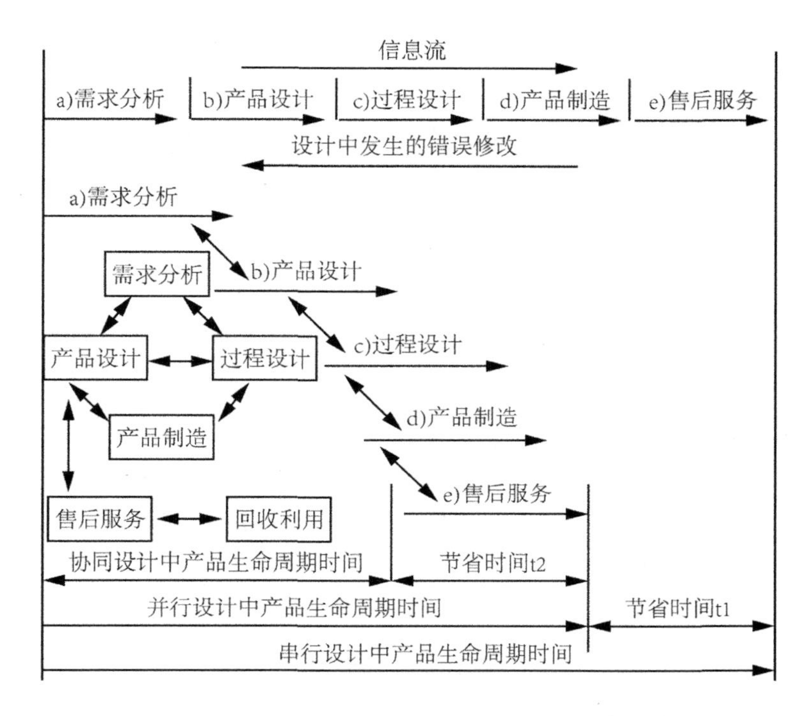

图 3-6　串行设计、并行设计和协同设计生命周期比较

图片来源：芮延年(2003)

态强：协作设计过程中工作任务安排、人员设置和设备运转情况都随时可能变化；(3)交互多：协作设计过程之中人员或部门之间需要实时同步沟通或异步沟通，以保持及时获取最新数据和信息；(4)范围广：协作设计一般针对比较负责的系统，协同设计活动一般包括从研发到制造的各个环节，还涉及项目管理、任务分工、消除误解等事项。

二、协同设计的主要内容

产品美学价值的设计创新目的是发现用户的潜在需求，创造新的客户价值，增强产品竞争力或开拓新的市场。因此需要与供应商、潜在消费者协同工作，从而挖掘用户潜在的隐性知识从而实现用户价值和市场价值。

（一）动机协同

动机协同指产品设计主体企业、供应商、制造者和用户等主体之间围绕价值与需求开展协同活动。企业进行产品美学价值的设计创新目的是满足用户的审美需求，创造高附加值，因此市场需求是企业考虑的首要因素。在产品美学价值的设计创新的前端模糊期和设计过程中都需要与潜在消费者、供应商和制造者互动，甚至邀请用户参与产品设计研发。这种双向互动既能增加产品研发成功的可能性，也能够最大限度地满足目标用户的消费需求。对企业内部而言，不同部门之间同样需要动机协同。设计部、技术部、销售部等部门在产品设计过程中都是为了实现产品价值的最大化，彼此之间动机协同能够更好地团结合作。

（二）协同知识

协同知识指不同主体围绕共同动机进行知识的利用与价值创造。产品美学价值的设计创新属于知识的创造和转化，不仅需要充分利用潜在消费者的显现知识，还需要企业通过调查研究、深入访谈等形式挖掘和破译消费者的隐性知识。与此同时与供应商、制造者进行知识的交流和共享也十分重要。对企业内部而言，设计部、技术部、销售部还有测试部门等都拥有专业知识，各专业知识之间碰撞交流才能实现知识的顺利对接。

（三）协同资源

协同资源指不同主体围绕共同的价值目标，实现各自资源的相互充分利用，以实现资源价值的最大化。企业与供应商、制造者或者企业内部在人力资源、资金资源、设备资源和信息资源都需要协同利用。

（四）协同决策

协同决策指多个主体围绕价值目标共同作出最合适的决策。对外而言，企业要与供应商、制造者协同决策，对内而言企业设计部、技术部、销售部等多部门需要围绕设计过程中的问题共同及时作出决策。

三、协同设计的约束因素

协同设计的基本思想是数据共享，在主模型的基础上，各阶段工作同步进行。在协同设计思想指导下，产品美学价值的设计创新要在最短的时间内实现美学价值的最大化，即利用最少的成本，产生最高的价值。这就需要考虑在产品设计、加工制造、销售流通、使用运行、维修再生等产品生命周期的各个环节如何规范或优化设计。表 3-1 列出了产品美学设计的主要约束因素。

表 3-1　**产品生命周期中对产品美学价值的设计创新的约束**

<table>
<tr><th>序号</th><th>阶段</th><th>约束</th><th>约束因素</th></tr>
<tr><td rowspan="4">1</td><td rowspan="4">产品设计</td><td>设计目标</td><td>功能、结构、设计参数</td></tr>
<tr><td>设计者</td><td>知识水平、创造能力</td></tr>
<tr><td>企业</td><td>经济条件、工作环境</td></tr>
<tr><td>社会</td><td>法律、标准、环境</td></tr>
<tr><td rowspan="3">2</td><td rowspan="3">加工制造</td><td>制造过程</td><td>设计、工艺、环境</td></tr>
<tr><td>装配</td><td>可装配性</td></tr>
<tr><td>检测/试验</td><td>规范</td></tr>
<tr><td rowspan="4">3</td><td rowspan="4">销售流通</td><td>竞争对手</td><td>仓储、运输、外观</td></tr>
<tr><td>市场状况</td><td>销售统计、地区</td></tr>
<tr><td>市场反馈</td><td>产品返修率</td></tr>
<tr><td>客户要求</td><td>功能、外观、价格</td></tr>
<tr><td rowspan="2">4</td><td rowspan="2">使用运行</td><td>使用运行</td><td>运输安装、使用方法</td></tr>
<tr><td>社会</td><td>环境要求、风俗习惯</td></tr>
<tr><td>5</td><td>维修再生</td><td>维修再生</td><td>可拆卸性、废物利用、环境影响</td></tr>
</table>

表格来源：芮延年等(2003)

第三节　审美需求理论

人所有的社会行为都是心理机制与环境互动作用的结果，而且首先需要心理机制的作用才能接受环境的影响。因此，对产品美学价值的设计创新研究离不开对人心理需求和审美规律的了解和掌握。

一、审美需求层次理论

对人的需求心理分析，很早就受到学者们的关注。比如，恩格斯在谈到消费问题时，把人的需要依次划分为生存、享受、发展和表现的需要四个层次。而日本学者宇野把人的生活需要，划分为三个阶段：首先是以生活需要为中心，重点是实现对衣食住的满足；其次是以舒适为中心，重点追求生活质量；最后是追求精神生活。美国著名的社会心理学家马斯洛在《动机与人格》一书中提出著名的心理需求层次论。他将人的心理需求分为五个层次：(1)生理需要：指对空气、水、食物和性等维持生存的需求；(2)安生需要：指希望受到保护免于灾害的需求；(3)归属的需要：指有人接纳，被爱护、关注和鼓励等；(4)自尊需要：指对于地位、声望、荣誉、支配、公认等欲望；(5)自我实现需求：指个人能够按照理想发展的需求。与此同时，他还明确提出认知和理解、审美两种需求，因为这两种需求相互之间有交集，以及从自尊和自我实现里很难剥离，就没有提出作为单独的层级。但一般学者认为可以构成介于自尊需要和自我需求之间的需求层级。马斯洛认为各层需求之间有一定的顺序，即只有低一层需求获得一定的满足之后，高一层的需求才会产生。

美国耶鲁大学的克雷顿·奥尔德弗(Clayton Adherer)在马斯洛提出的需要层次理论的基础上，将人的需求分为三种：(1)生存(Existence)需要，指可以理解为马斯洛的生理和安全层面的需要；(2)关系(Relatedness)需要，指发展人机关系的需要；(3)成长(Growth)需要，指个人自我发展和自我完善的需要。这一理论也被称为 ERG 理论。该理念的核心在于提出了“受挫-回归”思想，即一个人在某一高层次需求受挫时，就会在某一较低层次增加需求以作为心理补偿，而且人的多种需求可以同时作为激励因素而起作用。ERG 理论在马斯洛需求层次理论的基础上揭示出人们内心对高层次需求的渴望，“受挫-回归”也表明人们理性地追求着高层次的需求。

不仅人们对生存发展有心理需求层次，而且对于产品设计创新消费者也有心理需求层次。日本狩野纪昭博士在 20 世纪 70 年代提出 KANO 模型，将人们对产品的需求分为三种类型：基本型、期望型和兴奋型。基本型需求是指产品在消费者的认知经验中必须拥有的属性或功能，没有这些属性或功能意味着产品存在缺陷或者设计落后；期望型需求是指产品在基本属性或功能的基础上消费者期望获得的属性，比如更具审美性和拥有更多功能；兴奋型需求则是指产品的某些功能或属性超乎消费者的想象，而且让消费者非常满意。一般来讲三种消费类型中后者比前者高，但是随着社会的发展三者的内涵会发生改变，原来令人兴奋的属性或功能会变为一般期望的属性，而期望的属性或功能会降为基本要求。在 KANO 理论基础上有学者将用户需求分为保健性需求、中性需求和激励性需求。

马斯洛心理需求理论和 ERG 理论揭示了人们在不同条件和环境下有着不同层次的需求。虽然高层需求(包括审美)是人们期望得到的，但是人们会在理性中追求更多的幸福。KANO 理论则进一步告诉我们消费者对产品的心理需求也分层次。产品设计创新需要在保证基本功能和属性的情况下，努力满足消费者更多的期望，给消费者带来令人愉悦的惊喜。两种心理需求层次理论给产品美学价值的设计创新至少有两点启发：

1. 在进行产品美学价值的设计创新时务必注意产品设计对象的消费层次，即从消费者的角度考虑，在实用性、美学性和成本之间衡量产品设计创新中美学价值的高低。

2. 在产品美学价值的设计创新中必须确保人们一贯认知的外观造型的审美性，这是目前人们对产品审美属性的基本认知。只有在保证外观造型的审美性基础上，才能谋求产品美学价值更大的创新空间。

二、审美边际效应理论

边际效应(Marginal Utility)在经济学中是指当消费者增加消费品而出现效用减少的现象，这种现象也被称为“边际效用递减规律”。与此类似，西方社会交换理论代表人物霍曼斯提出了“剥夺与满足命题”，表示接触某事物的次数越多，所获得的情感体验也越为淡漠，并且会一步步趋向乏味。奥地利学派经济美学思想集大成者欧根·庞巴维克曾得出结论：如果对某一商品的需要不变，这一物品的数量越多，边际效用就越小，该物品的价值就越小①。也许这都可以归因为“单一性是麻木和厌烦的源头，我们的心灵不能够长时间感受相同的情境”。②

在自然的审美过程中也存在“美感递减规律”，这是审美实践中客观存在而且普遍存在的现象。美感递减规律是指审美主体经过一定量审美接收后，单位客体的美感获取减少的现象。如果增长的幅度接近零，则会出现俗称的“审美疲劳”现象。影响美感递减的主要因素分两方面：从客体来看，如果审美对象含美量厚重、切合时代潮流、符合主体期待视野能引发情感共鸣，美感递减现象就会相对较弱；从主体来看，审美积淀、审美敏感性、审美能力等会影响审美高峰阈值。在相同情况下，阈值高者递减的时间来得晚。③

审美“边际效应”的影响对于消费者而言，就是感觉某款甚至某类产品出现一定时间后，不再如当初那么有吸引力，而对于设计师则意味

① 庞巴维克．资本实证论[M]．陈端，译．北京：商务印书馆，1964：170-171.

② [法]奥利维耶·阿苏利．审美资本主义：品位的工业化[M]．黄琰，译．上海：华东师范大学出版社，2013：63.

③ 唐建军．论美感递减规律[J]．艺苑，2010(5)：13-20.

着一款产品在经过一系列创新设计后，创新的可能性和价值变得越来越小。其实任何一家创新企业的某款产品都会面临审美边际效益的问题。苹果公司的 iPhone 手机曾打败手机中的霸主摩托罗拉和诺基亚，在手机领域保持了很久的绝对优势地位，但在 iPhone 4 诞生之后，iPhone 系列由于整个智能手机的功能在现有技术阶段已经演绎得接近完美，其造型和交互在经过一系列的创新后也出现审美“边际效应”，不再如当初那么令人瞩目。审美边际效应给产品美学价值的设计创新至少有以下两点启示：

1. 产品只有不断变化创新，才能让消费者保持新鲜感，才能获取人们长久的关注，减缓消费者享乐适应过程，维持企业市场的关注度和占有率。

2. 产品美学形式和内涵的变化尽量给人们带来惊喜，即尽量提高产品审美的厚重量、引发用户情感共鸣，才能延缓审美递减现象。

三、审美认知过程理论

审美活动大致有三种类型：一是日常式审美，在这种审美过程中，接受者基本处于被动状态，他们只为感性趣味或日常使用目的所牵动，完全依赖于审美对象，接受者作为“看客”，一般获取的是感官的愉悦；二是鉴赏式审美。这种审美方式是审美接受的最本质范式；三是研究式审美，这种审美以理性分析为手段，是一种科学的认知活动，以获取知识性结论为目的。接受主体往往是美学家、理论家、批评家或相关专家。接受者根据自己的需要对具有揭示生活、意义指向的多种可能性的审美对象进行切割、译解，审美对象可能只是方便的材料或达到某种目的的工具。他们接受审美对象时，或许根本不考虑对象美的特质或者只对其做理念上的探求。上述三种审美类型，共同存在于美的接受活动中，他们从不同维度满足着不同类型的接受者的需求，不仅不同的接受者对同一审美对象的接受方式不同，而且同一接受者在不同时间、不同环境、不同情绪下也有不同的接受方式。现实中这三种方式往往以某种方式为主导的混杂式的方式出现。

设计美感的获得涉及感觉、知觉、表象、记忆、想象、情感、理解等多种要素，要素之间相互渗透，相互作用。Leder H 等人基于对审美过程中认识与情绪的交融，建立了一个审美体验模型(如图 3-7)，该模型展现了人们对艺术作品的认知加工过程。根据此认知模型，审美体验大致依次经历五个阶段：(1)知觉分析阶段：基于形式的感官分析；(2)内隐记忆整合阶段：原型对比和情感波动；(3)外显分类阶段：了解风格和内容；(4)认知操作：艺术特性和自我相关解释；(5)评价：认知理解和情感满足。每个阶段由不同审美要素构成，都会产生一定的情感反应，并且会受到诸如专业技能、前经验等一些内外因素的影响，阶段之间还会相互作用。该认知模型同时反映了审美认知过程不是单一的线性思维过程，而是有着内在逻辑顺序和内外关联的综合分析过程。

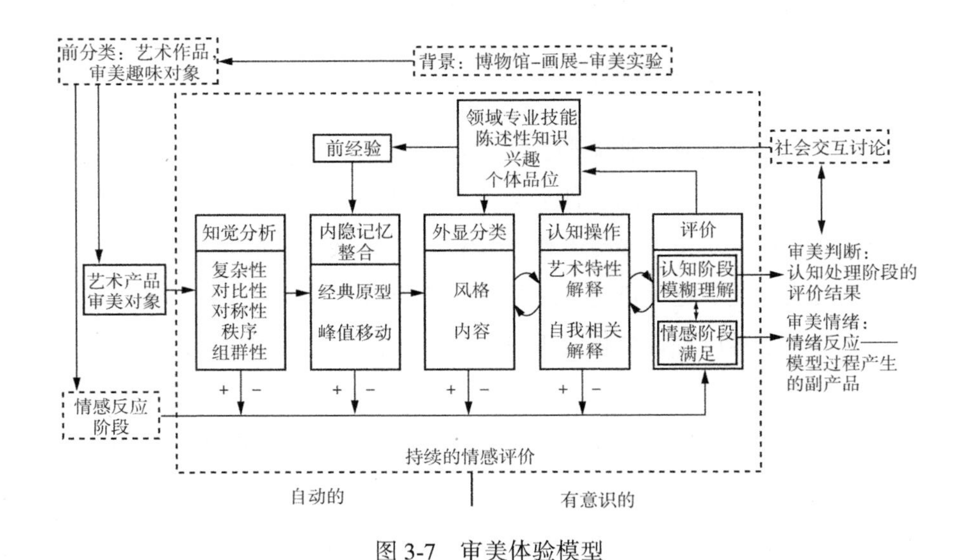

图 3-7　审美体验模型

图片来源：Leder H., Belke B., Oeberst A., et al.(2004)

产品美学价值作为商品价值的一个方面，虽然与一般纯艺术作品有着不同的特征和表现属性，但从价值认知的角度来看，两者有着类似的过程。产品美学价值同样需要被注意，被欣赏品味(把玩)，最后被确认。因此，根据一般审美体验和消费行为过程，消费者对产品美学价值的认知和理解主要建立在以下三个层面：

1. 感知觉层：即感觉加知觉层。感觉是知觉的前提，感觉是一切认识活动的基础。而知觉是在感觉反应后随即发生的，一般很难将其分开。感知觉可以理解为当某对象的某现象直接作用于感觉器官后，人脑经过整理和综合分析后迅速做出的整体认识。当一件产品出现在人们面前时，产品的特性，比如大小、形态、色彩、气味、肌理等，首先就会通过视觉、味觉和触觉等刺激传达给人大脑形成初步认知。如果感觉刺激很小，也可能不会引起大脑明显反应，从而被人忽略。当产品美学不足以引起消费者注意，这种审美活动就会终止。当产品美学价值能够引起消费者兴趣，产品审美就会进入下一环节。

2. 品味体验层：当产品引起注意后，消费者就会进一步关注产品特征和细节，并根据以往审美经验，即前经验和社会反响进一步欣赏、品味和把玩，对于实用功能产品，则会进一步试用。在品味和体验的过程中，大脑会发生联想和想象，进行期望匹配、相似产品对比、经验回忆等，从而引起一定的情感反应，或喜爱或厌恶或感觉平平。消费环境也可能会加重消费者的这种心理作用。在消费环境以及个人内外因素作用下，产品审美就会进一步升华。

3. 领悟判断层：经过感知觉、品味体验后，人就会产生的一种理性认识，这对产品美学价值的认知起着决定性作用。领悟判断就是消费者经过综合分析后对产品美下的一种结论。这种结论会包含两方面：一是对产品美的肯定或否定，美分“小美”和“大美”：有些产品的美，从形式法则来看会被认为很美，但从产品整体价值和社会环境来看，如果这种美会产生负作用，也不会被消费者接受；二是产品的这种美对其个人价值。产品的美如果对产品整体及对社会都起正作用，但这种美与自身境况不相符，也就只能具有精神意义，而没有现实价值意义。

在具体的现实中，产品美学价值的实现可能更复杂，因为消费者个性会决定消费行为，有些性格爽快的消费者可能看中对产品的感知觉就决定消费行为，而有些性格犹豫会经历复杂的思想斗争和审美评价后才能做出决定。此外，消费环境即商品展示效果，卖场氛围等都会影响产品美学价值的呈现效果和实现过程。

第四节　路径依赖理论

一、路径依赖及其对企业发展的影响

路径依赖(Path Dependence)是经济管理中分析社会经济制度和产业发展的重要理论工具。该理论经过两个转变：一是由研究生物的演化发展机制转变为研究技术变迁；二是由研究技术变迁转变为研究经济制度的演变。道格拉斯·诺斯是推动路径依赖理论被广泛接受和被广泛应用于经济和社会领域的主要贡献者，他也因此获得经济学诺贝尔奖。如今，路径依赖理论不仅对国家和地区经济发展有着重要的指导意义，而且对企业的创新发展有着积极的借鉴意义。

路径依赖可以被理解为组织和社会发展中的技术演进和制度变迁等类似于物理学中“惯性”的现象。无论是产业发展还是企业发展，一旦主体选择了某种模式，就会因为规模经济效应、学习效应作用沿着一定路线发展。于是在既得利益约束下，如果没有足够的创新突破动力，就会沿着一条路不断深入发展，直至陷入困局而难以偏离既定轨道陷入“锁定”状态。这种状态可能会把主体引到良性发展的道路，也可能会把主体带入恶性循环的深渊。路径依赖惯例会形成对环境变化而言的惰性，甚至对环境变化形成抵触。企业中的路径依赖现象从成长动力模式到成长中治理结构调整到企业成长战略都存在。而路径依赖对企业的成长有多大影响，就需要根据路径依赖的强弱和外部环境变革的强弱来判断(如图 3-8)。

通过图 3-8 可以看出，在外部环境稳定的情况下，路径依赖可以让

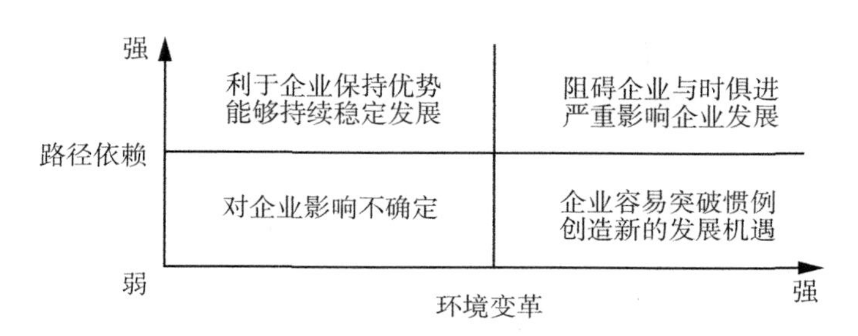

图 3-8　路径依赖对企业发展的影响①

图片来源：何建洪(2007)

企业保持发展优势；在环境变革不明显的情况下，企业依赖对企业发展影响并不大，企业能够通过知识创新和成立学习型组织应对环境变化；但在环境变革明显，而路径依赖严重的情况下企业就需要通过路径突破创造新路径以取得发展机会。路径创造是指经济主体有意识地偏离既有路径的行为过程，强调人的主观能动性和有意识行为。

根据一般企业成长路径，企业发展过程可以分为路径形成、路径依赖、路径危机和新路径创造四个时期(如图 3-9)。(1)路径形成期。一般经济路径的形成有两种因素作用：一是"历史性的"偶然因素，即在企业发展初期，企业主体在偶然因素中发现某种发展模式能带来经济效益，于是选择某一发展模式；二是有形和无形的控制因素，主要是指政府的引导和控制，巨头企业的影响等原因导致企业沿着一定方向发展；(2)路径依赖期。企业发展模式一旦确定，在报酬递增、学习效应和知识累积等自我强化作用下，就会形成稳定的发展路径。甚至造成发展路径的固化和僵化；(3)路径危机期。社会总是在不断地发展变化，特别是在经济全球化、市场需求变化、重大技术发明以及自然环境突变条件下，企业原有发展模式和路径不适应新形势，企业发展就

① 参考：何建洪．论企业成长中的路径依赖[J]．商业时代，2007(33)：52-53.

会面临危机，于是会做出一些相应的调整以维持生存；(4)新路径创造期。当一般性的创新不能改变企业发展现状时，企业就只能通过路径突破方式创造新的发展机遇。原来的发展路径要么被完全更新，要么做出重大改变。

柯达公司在20世纪是世界胶卷行业的霸主。1975年公司的工程师史蒂芬·沙森发明了第一台数码相机，虽然像素不高，技术极为不成熟，但在当时颠覆了摄影的物理本质，然而公司领导意识到这可能会威胁到胶卷产业后便封存相关技术。一年后柯达公司的莱斯·拜耳发明了拜耳虑色器，后被广泛应用到数码相机、摄像机和手机摄像机，但当时公司正处于摄影胶卷市场占有和利润最高时期，公司领导并没有意识到数码摄影时代即将带来颠覆性变革。在21世纪出现胶卷市场业绩明显滑坡之后，柯达依然没有下决心跟上时代潮流，而是在传统胶卷和冲印行业寻求新的突破，最终导致申请破产保护和企业重组，重组之后柯达公司重点业务转向了新的方向。柯达在相机界的失败，既说明了在巨大的技术变革面前，再强大的公司如果不顺应发展也将瞬间倒闭，同时也给我们展示了一条企业发展路径形成、路径依赖、路径危机和新的路径创造的过程。

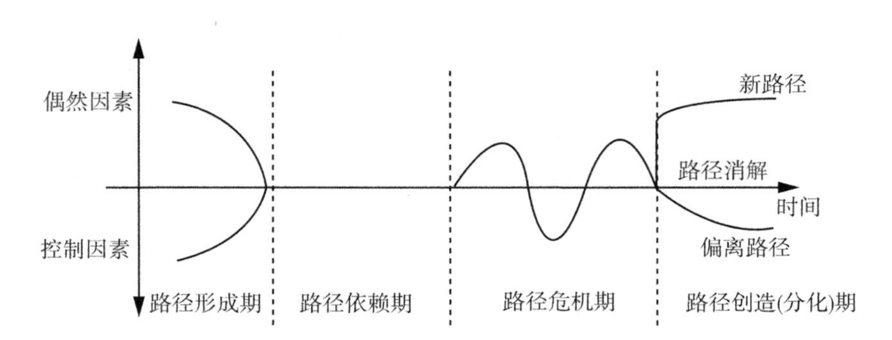

图3-9　企业发展路径演化简易模型

图片来源：作者绘制

二、路径依赖对产品美学价值的影响

企业整体发展模式不仅存在路径依赖现象，而且企业内部也存在对产品价值提升的依赖现象。对于产品美学价值，长期以来，由于认知偏见和美学在社会经济中的影响地位甚微，一直得不到大多数企业的认同。换言之，对于产品美学价值的设计创新，存在观念上、方式上、途径上等多方面的僵化认识。

1. 从观念上看：限于“锦上添花”。长期以来，许多人认为产品美学就是搞产品“装饰装修”，是产品“附加”的值，认为产品美学价值与科技价值相比不值得花费人力、物力和财力投入。除非工艺品，一般情况下，即使企业认为产品需要提升美学价值，也只是在产品功能设计和结构设计之后再处理。

2. 从方式上看：限于形式的差异。形式是产品美学的重要表现内容，但不是全部，更不是最重要的。由于长期的固化的观念上认知错误，使得许多人认为产品美学就是造型的改变、色彩的改变和图案的改变，因此只要产品款式越多就越能满足消费者需求，但款式太多容易分散用户注意力，加重企业负担，反而很难做出令人称赞的产品。

3. 从途径上看：集中于模仿创新。技术创新不但需要极大的人、财、物投入，而且需要冒一定的风险。设计创新虽然没有技术创新投入大，但同样需要较大投入。所以当市场上出现热卖的产品时，许多企业就会通过“山寨”的方式进行设计创新或产品美化，以最短的时间和资金投入生产产品，以获取最大利润。甚至许多企业靠长期跟踪国际优秀设计公司，通过模仿创新来维持企业的发展，这也是国际上一些重要展览谢绝非邀请单位参加的原因。

三、产品设计创新的路径依赖突破方式

显然打破企业产品美学设计的僵局最先需要改变的就是企业对产品美学价值重要性的认知。在知名的创新企业中，大多数总裁都对设计创

新和产品美学价值十分重视，苹果公司前任总裁乔布斯，OPPO手机创始人陈明永等一大批企业总裁都是追求完美的人。乔布斯是一个理想的完美主义者，他对产品内部电路板的整齐和美观程度都有要求。而陈明永同样是追求极致的人，他对产品的质感和色泽的差异极为敏感，哪怕产品有些微小的设计和生产失误，都要求不能流向市场。

企业领导对产品设计重视，就会通过一系列的措施改进产品设计。根据企业路径依赖突破的三种机制，企业产品设计创新路径的僵局可以通过以下三种方式改变：

1. 响应环境变革。对于企业发展来讲较大的环境变革除了技术带来的产业革命以外，就是消费文化或消费潮流的改变。著名的体育品牌公司耐克，最早专注于专业跑步领域，“技术”“革新”的品牌定位受到消费者，特别是跑步运动者的喜爱，在1980年它超过阿迪达斯成为美国第一运动鞋品牌，鞋类销售占领美国一半以上的市场份额。但随后很快，跑步运动已经不再流行，健身运动开始兴起，尤其受到女性青睐。在这种情况下，耐克开始并不以为然，但另一名不见经传的品牌“锐步”迎合这种运动潮流，提出“时尚”“舒适”的品牌定位，运动鞋漂亮有吸引力，受到女性以及普通消费者的喜欢，迅速成为市场的领先者，威胁到耐克的市场地位。然后耐克才意识到自己的鞋缺乏风格和时尚，显得笨拙而缺乏色彩。于是将企业发展的核心放在满足消费者需求上，积极进行运动鞋的设计创新和美化。现在每年耐克都会推出上百种款式的新鞋。

2. 内部知识创新和制度变革。无论是科技、设计还是管理，本质上都是知识，企业通过激进式知识创新也可以改变企业以外依赖某种发展模式的情况，而取得新的发展机遇。对于产品美学设计而言，为了提高产品美学价值，增强企业竞争力，企业可以强化设计部门的人、财、技术投入，甚至专门设置工业设计中心。国际知名的企业一般都有自己的设计创新机构或部门。在我国，以总裁砸冰箱让世人知道企业重视产品质量的海尔公司，在1994年就成立了海尔创新设计中心，为海尔集团产品附加价值的提升和销售推进起到了重大作用。目前海尔在欧、美、日、韩等国家和地区都有设计中心，全球研发中心总数达到10家。

3. 战略性并购设计创新企业。企业间的兼并重组非常常见，通过兼并重组，企业可以获取扩大规模，占领异地市场，减少竞争对少，吸纳先进技术等好处。为了提升企业品牌形象，增强产品美学价值，企业同样可以通过兼并实现设计创新能力的跨越式发展。马恒达(Mahindra)是印度领先的汽车制造商。公司成立于1945年，业务包括汽车整车制造、零部件制造业、建筑业、信息技术和财经服务以及贸易等领域。为了提升企业形象，增强专业设计创新能力，2015年印度马恒达集团正式收购著名汽车设计公司宾尼法利纳(Pininfarina)76.06%的股权，达成控股。宾尼法利纳是意大利著名的汽车设计公司，法拉利的多款超级跑车造型都由宾尼法利纳设计完成。这次的收购让印度马恒达集团在汽车制造的早期领域及研发设计领域更具竞争力。

第四章　产品美学价值的设计创新维度

了解和分析产品美学价值的设计创新维度是对产品美学价值构成的进一步分析，也是对其进行设计创新路径探讨的基础。虽然目前没有学者对此直接进行系统论述，但是从产品美学(或审美)价值、产品设计美学和产品设计创新等为主题的相关文献中可以进行归纳总结。

第一节　创新维度的构成

维度在空间理论中指构成空间的每一个因素，也被看作一种观察、思考与表述事物的“思维角度”，处于同一维度的因素有着相同属性或者彼此关系密切，利用维度概念可以帮助人们分析和理解事物的结构和层次。对于产品美学价值的设计维度划分或者说对于产品的“美”的构成，可以将有关学者的主要观点分为以下三类：

(一)一维观的产品美学价值

产品外观形式美是产品美的重要因素一直是学者们共同的认识，甚至许多学者认为产品的美就是外观及其形式的美。形态美、材质美、色彩美、结构美和肌理美是一维观中论述产品美的常见要素。把这些要素归为同一个维度是因为它们都属于产品造型所离不开的元素。这些要素在机械工业时代几乎是产品设计的全部要素，代表的是传统的产品美学观念。在一维的产品美学价值观中，还有一些学者不是以造型元素为要点阐述产品美学，而是以感官来分析产品的美。比如，美国的恰安(Cagan)和沃格尔(Vogel)教授认为产品创新的美学价值在于视觉、触觉、听觉、味觉和嗅觉五个方面。

总的来说，持一维观的学者认为产品美学价值来源于以造型为主的给人带来感官，特别是视觉和触觉上直接享受的美。一维的产品美学价值观念在今天以数字化、网络化为主的产品设计时代显然存在一定的局限性，范正美教授就曾明确表示："不能把(产品)审美性片面地理解为外观。"

(二)二维观的产品美学价值

作为具有实用价值的产品，对其"美"的考量不能限于造型感官，还要考虑功能体验也是众多设计美学和实用美学学者的观点。比如，罗筠筠(1995)认为产品的美学标准是功能美和形式美的结合；董学文(2003)认为有技术美特性的产品不仅在技术上是完善的，而且在使用上是舒适的，在外形上是美观的。黄柏青(2016)通过全面梳理和总结目前设计美学专著的观点，认为大部分学者认为产品的美涉及功能美、形式美和材质美。形式和材质虽然有一定区别，但都是造型的重要因素。因此可以将黄柏青教授的总结发现理解为大部分学者认为产品的美分为造型美和功能美。

在二维的产品美学价值观中，还有一些学者不是以造型和功能元素为要点阐述产品美学，而是从物质和精神两方面来分析产品的美。比如，罗芳魁(1996)认为产品美学功能分为可见的和无形的两个方面。范正美(2004)提出产品的审美价值包括物质形态和精神形态，其中物质形态可以概括为造型美，精神形态可以概括为品牌形象和服务美。

(三)多维观的产品美学价值

罗芳魁(1996)认为美学功能离不开社会因素、心理因素和生理因素。周至禹(2007)认为人们对美的传统认识可以分为视觉形式、生理感受和精神理念三个方面。刘彪(2007)将产品的美分为物质实在层、形式符号层和审美意象层三个方面。甘桥成和徐人平(2010)提出产品设计美学的评价分为技术美、形式美、体验美三个层次。付黎明(2012)认为产品的美是通过形式美、技术功能美、社会美三个层次来体现的。何琦(2014)针对创意产品，认为产品的审美价值包含从内在精神体会的美到外在直观感受的美，并将创意产品审美价值的评价指标分为审美意象、视听效果和表现形式三个方面。“销售吸引力”和外观是美国著名工业设计师德莱福斯产品设计五项原则中的两项，其中“销售吸引力是由产品具有怎样的触感、产品怎么操作、产品会在购买者的思想中产生的愉快联想等内容构成的混合体”。① 这其实是认为产品的美来自感官造型、功能体验和审美意象三个方面。美国诺曼(Donald A. Norman)提出的本能层、行为层和反思层三层次设计观念对产品美学设计也起着越来越重要的影响。

总的来说，多维的产品美学价值观不仅仅考虑产品本身，还考虑包括产品给人的感受，产品与社会的关联，以及以人为中心的人、产品、社会三者关系等多重因素。这种观念以付黎明认为的形式美、技术功能美、社会美三个层次为代表。其中“精神理念”“社会美”“审美意象”“形式符号”都离不开设计师赋予产品的文化内涵。产品文化内涵会在人的思想中形成一定形象，这种形象会通过精神理念和品位象征给人带来“美”的感受。

根据以上论述，基于产品美学价值要素中的物质要素、技术要素和符号要素三大要素，以及认知层次中的感知觉层、品位体验层和领悟判断层三个层次，可以将产品美学价值分为以下三个维度：基础层——造型感官美，核心层——功能体验美和延伸层——形象内涵美三个维度。三个维度分别对应美学价值要素中的物质要素、技术要素和符号要素，以及认知层次中的感知觉层、品位体验层和领悟判断层。(如图4-1)。

① [美]德莱福斯(Dreyfuss H.). 为人的设计[M]. 陈雪晴，于晓红，译. 南京：译林出版社，2012：156.

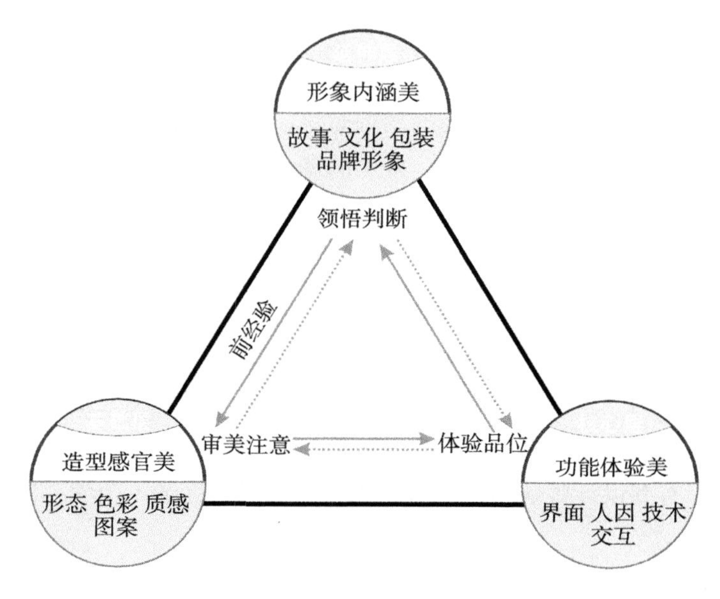

图 4-1　产品美学价值的设计创新维度

图片来源：作者绘制

为了增加该维度划分的可行性，了解其认同度，作者通过问卷调查和网络访谈的形式向毕业于工业设计或产品设计专业人员进行了调查(有关数据详见附录 A 和附录 B)，调查的主要内容和重要反馈数据如下：

调查对象及其企业概况。调查对象共 15 人，均从事着或从事过产品设计，其中 6 人有九年设计工作经验，4 人有五年设计工作经验，5 人有一年设计工作经验；调查对象所从事的行业主要集中在交通行业、3C 产品行业、家用电器行业；有 66.7%的调查对象的企业比较重视产品美学价值。

产品美学价值的重要性。在多选的情况下，绝大多数调查对象认为，产品美学价值能够提升产品档次，增加产品附加值，增强在同类产品中的竞争力，树立产品的良好形象；超过一半以上的调查对象认为，在 3C 产品、家用电器、玩具、办公用品、交通工具、日用产品等类型产品中，美学价值的重要性高达 60%~80%，在服装鞋帽、珠宝首饰等类型产品中更是高达 80%～100%。

产品美学价值的设计创新。46.7%的调查对象认为，在产品概念开发阶段就需要考虑美学，40%的调查对象认为，在详细设计阶段再进行考虑；在产品整个生命周期中，80%的调查对象认为在研发期就需要考虑引入美学来提高竞争力，60%的调查对象认为，在成长期再进行考虑；60%的调查对象认为，产品美学设计创新需要工程技术的配合，46.7%的调查对象认为，市场营销部需要提供支持。

产品美学价值的设计创新维度。调查对象对笔者提出的产品美学价值设计创新的三个维度划分方法比较认可。在功能体验维度的二级指标中，有认可度相对较低的指标，其主要原因是这些指标与科技结合得比较紧密，有些设计师认为将认可度相对较低的指标纳入美学范围存有争议(见表 4-1)。

表 4-1　　**产品美学价值的设计创新维度调查反馈统计**

产品美学价值的设计维度	美学要素	认同度
感官造型美（认同度：100%）	形态	100%
	色彩	100%
	材质	100%
	图案	100%
功能体验美（认同度：93.3%）	人机工程	86.7%
	界面设计	100%
	技术先进性	73.3%
	交互流畅性	86.7%
形象内涵美（认同度：100%）	产品故事	80%
	文化内涵	100%
	产品标志	93.3%
	包装设计	100%
	品位象征	80%

产品美学设计的创新维度之间相互关联、相互影响，虽然维度层次分明，但也难以完全划清界限。各维度价值本身不存在上下高低之分，对于不同的消费者和不同的产品而言，可能会侧重或优先考虑某些维度的价值。对于大部分消费者而言，一般会综合各维度来衡量美学价值。从审美感知角度而言，感官造型美是消费者最容易感知到的美，它是产品给人的第一印象；从实用审美力①的角度来看，普通消费者可能最看重功能体验美，他们会认为感官造型美会华而不实，形象内涵美需要付出不必要的购买成本；从符号消费的角度来说，形象内涵美是消费者身份和品位的象征，是富裕阶层和追求个性的消费者更看重的维度；从辩证发展的思维看，产品各维度的美会受到区域文化、经济发展、价值导向等多因素的影响，同一产品的同一美学维度会因时因地因人不同而被不同程度认可。正如诺曼(Donald A. Norman)所言："受文化差异、流行时尚和持续不断的波动影响，今天的尽善尽美可能变为明天的废物。"②

如果从价值主客体关系来分析产品美学设计的维度，各维度美的本质内涵有所不同。造型感官美的核心是产品本身，即产品艺术性的美，由于艺术性的美是无国界差别的，因此具有高度造型感官美的产品即使人们没有用过或体验过也能被产品所呈现的美打动，这点对高度审美性产品尤其重要，也可以弥补实用性产品在功能不突出时消费者接受的可能性；产品的功能体验美则是通过人与产品的接触，在实际操作和使用中感觉到的舒适性、易用性等感受，这点对实用审美型产品非常重要；形象内涵美则是企业持续发展和提升价值空间的追求，企业通过优秀的

---

① 范正美(2004)在《美学经济》一书中提出"实用审美力"的概念，其定义为：人类关于实用产品的质感、视觉、味觉、手感、形感等一系列欣赏和鉴评的能力总和。这种能力只有那些具有消费能力并且同时拥有通过经验积累或训练感觉达到丰富性的有审美能力的人才有。

② [美]诺曼(Norman D. A.). 情感化设计[M]. 付秋芳，程进三，译. 北京：电子工业出版社，2005：49.

形象系统、价值主张和服务设计等提升品牌形象和社会影响力，可以让产品在社会上成为一种文化、一种情感或一种身份的象征。

产品的造型感官美和功能体验美是产品形象美的基础，没有前两者，后者不能维持；后者同时可以促进前者的美更好地被发掘和发挥价值。三者的维度内涵及相互关系如图 4-2 所示：

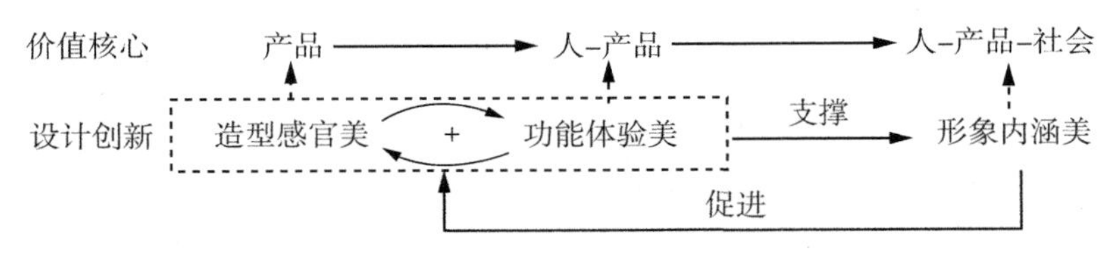

图 4-2　产品美学价值设计创新维度的内涵及相互关系

图片来源：作者绘制

第二节　造型感官美

感知觉是人认识一切客观事物的基础，也是人最容易被事物刺激的认知反应。如果把人的想象、记忆和联想等思维作为内部感觉，则视觉、听觉、嗅觉等为外部感知觉。外部知觉与内部知觉相互影响，但人审视的首先是事物的外表，其次才是对之加以理性的认识。“知觉不完全是客观的，各人所见到的物的形象都带有几分主观的色彩。”①也许感官美不是最重要的效果因素，但它是最原始、最基础的美感因素。②

一、造型感官美与人的五感

人有眼、耳、鼻、舌、身五种感觉器官，相应地具有视觉、听觉、

① 朱光潜．谈美[M]．北京：中国青年出版社，2011：9.

② [英]罗伯特·克雷(Robert Clay)．设计之美[M]．尹弢，译．济南：山东画报出版社，2010：162.

味觉、嗅觉、触觉五种感官能力。经过长期的发展和实践，这五种感官早已经发展成为审美感官，具有审美能力。任何审美活动都必须通过审美感官所具有的审美能力与审美对象的相互作用才能发生，因此五感是产品设计中最基本的考虑因素(见表4-1)。

表4-1　**五感在设计中的应用分类表**

感觉	在设计中的应用
视觉	围绕人们的视觉器官而引发的视觉感受。
听觉	以听觉器官为依托的手段进行表现。
触觉	通过触觉上为受众留下难以忘怀的印象，宣传产品的特性并刺激受众产生与设计者一样的感受。
味觉	通过给受众留下难以言传的味觉体验，实现受众对设计理念的理解和感受。
嗅觉	以特定气味吸引受众关注、记忆、认同以及最终形成一种嗅觉表现方式，对嗅觉进行刺激。

表格来源：张凯、周莹(2010)

人的五官中视觉、听觉最能感受美，而味觉、嗅觉、触觉要弱一些。古今中外许多美学家都表达过此观点。比如，俄罗斯美学家车尔尼雪夫斯基曾说："美感是和视觉、听觉不可分离地结合在一起的，离开视觉、听觉是不能设想的。"①视觉表现在产品设计中的重要性非常明显，因为产品设计中形态、颜色、图案等造型要素都跟视觉有关。声音不仅是辨别音响、耳机等传播和输出声音或音乐类产品品质的关键因素，还是赛车、跑车等吸引驾驶者和观赏者的重要因素。

在产品设计中触觉也相当重要。因为除了少数艺术品，一般产品都是拿来"用"的，自然少不得与人接触。摸起来舒不舒服是产品到手后

① 北京大学哲学系哲学美学教研室．西方美学家论美和美感[M]．北京：商务印书馆，1982：29.

人最容易感受到的。而且随着科技的发展，电子类产品消费越来越多，产品设计智能化、数据化和网络化的发展趋势都离不开人机交互与接触。从目前来看，多点触控方式是产品交互中必不可少的操控方式。苹果推出的第一款便携移动网络终端产品——iPod Touch 就直接以触觉为新的创新方式，改变人们长期使用按键操控的历史，只需轻轻地点、划操作就能实现与产品全部内容的交互。

味觉与嗅觉在一般工业产品中设计中利用较少，主要应用在食品、化妆品包装方面，还有需要运用特殊材质的产品设计中。虽然目前在工业品设计中应用不多见，但是随着体验经济和体验设计技术的进一步发展，在未来的产品设计中对此类感觉的利用将会越来越多。

人的五种感官还可以互通，即当一种感官受到刺激的时候会通过大脑神经作用引发其他感官产生相应的反应，这种现象称之为“通感”。通感能够让人全方位的感受产品的魅力，也是高端产品表现品质的设计手段。比如法拉利跑车，不仅视觉上的形态与颜色和触觉上的舒适性吸引人，发动机的声音更能吸引无数人的回头率。通感的运用能够将产品美感“立体化”，增强产品美学与人身心的共鸣。

二、产品造型感官美的价值

产品的造型感官美在一般人看来，只是一种普通的附加值，是一种锦上添花的东西。而诸多实际案例已经证实造型感官美不仅能为产品增值，也能成为企业在关键时期的法宝和竞争的有力武器。

1. 造型感官美能为企业带来巨大的商业价值，即提升产品的附加价值。20 世纪 90 年代中期，苹果公司业绩开始不断滑坡，产品的市场占有率持续下降。1997 年史蒂夫 · 乔布斯(Steve Jobs)被邀请重回公司。当时公司的研究开发经费仅为 3 亿美元，是微软公司的 1/8。企业的发展状况也容不得企业经历漫长的研发时期再发布突破性创新产品。乔布斯聘请出色的工业设计师乔纳森 · 艾弗(Jonathon Ive)担任设计部主管，以“优秀的产品设计源于外表，而精于内在”的理念为公司设计标准。

通过对电脑外壳材料、颜色、形态等造型感官的突破式创新，推出全透明彩色电脑 iMac(如图 4-3)。整体的有机曲线形态和透明的色彩视觉效果让 iMac 一出现就吸引了成千上万的消费者。上市一周 iMac 就售出 15 万台，6 周内售出 27.8 万台，成为美国第三畅销个人电脑。iMac 打开苹果扭亏为盈的局面，也调动了软件开发商为苹果开发应用软件的积极性。苹果以产品造型感官美取得“四两拨千斤”的价值效应，令其竞争对手英特尔公司不得不称赞：“苹果设计上的独创性将引发新的创新周期，推动整个 PC 产业的发展。iMac 全新的造型设计打破了传统计算机冷漠的造型，树立起了苹果产品独特的个性，而且影响了一代工业产品的设计风格。随后出现的透明电视机、透明鼠标、透明电风扇无不受其影响。

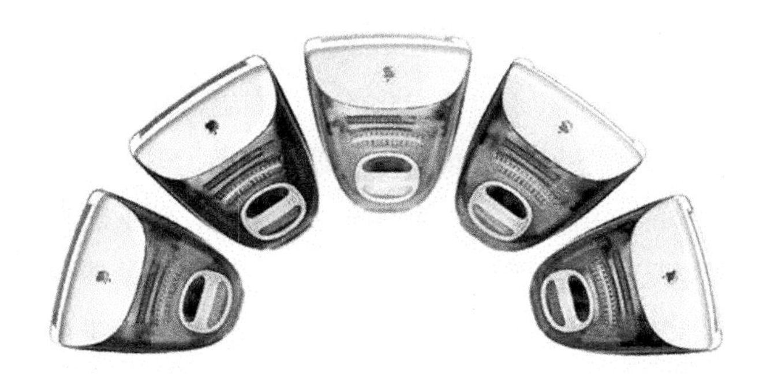

图 4-3　1998 年的 iMac

图片来源：notebook. it168. com

2. 产品造型感官美可以作为企业竞争中进攻与防御的有力手段。2015 年小米推出了价格 49 元的小米电插板，这款号称投入 2000 万元研发的产品一上市就引起了米粉的争抢。该插线板在普通插线板的基础上设计了 3 个 USB 接口，选用优质材料，并重新定制核心元器件，优化结构，使它比同规格插线板更加小巧、雅致。全新的产品外观设计，使其可以成为桌面的装饰品。火热的销售给同行带来了竞争压力，作为插座领域的专家——公牛迅速模仿小米插线板，紧紧抓住互联网产品的“微创新”和“迭代升级”两个特点。认真学习对手的产品并在细节处结合多年行业经验加以微创新。很快也推出了首款三口 USB 插线板公牛小白，价格比小米便宜一块钱，并在电商进行了 48 元包邮的大规模促销，同样引发了抢购热潮，维护了企业在插座领域的权威地位。

三、产品造型感官美的设计创新要素

产品造型感官美的设计创新要以形式美法则为核心，其涉及的要素可以分为形态、材质、色彩和图案四个方面。

(一)形态

形态是产品功能与美感最直接的承担者和表现者。人们看到产品的第一反应往往就是产品设计的外观赋予产品的形式和视觉感受。产品形态是消费者需求多样化和追求差异化的重要内容。不同的形态能够表达不同的语义，让人产生不同的理解和联想：比如子弹头形态能够让人感觉到速度，S 形能够给人柔美、性感的视觉感受。企业也需要通过丰富的产品外观形态及其细节不断更新产品系列，以吸引消费者，并且常用申请外观专利和实用新型专利的方式维护知识产权，以避免竞争者的模仿。注意把握平衡统一性和典型性是新产品设计的重要原则。

Berlyne 提出：中等唤醒的复杂性最容易引起人们的喜爱①，过去那种形式服从于功能的思想已经不再实用，取而代之的是“形式和功能共同实现梦想”。② 产品的目的是为了商品化，因此工业产品造型应当做到科学性、实用性、艺术性、时代性的有机统一，产品的美学设计还

---

① 引自：陈丽君，赵伶俐．美学与认知心理学的交叉：审美认知研究进展[J]．江南大学学报(人文社会科学版)，2012，11(5)：127-133.

② [美]恰安(Cagan J.)，[美]沃格尔(Vogel C. M.)．创造突破性产品——从产品策略到项目定案的创新[M]．辛向阳，潘龙，译．北京：机械工业出版社，2003：5.

必须满足规格的标准化和整体性，即从产品外形、结构、功能和制作工艺形成一个整体，使工业品造型具有功能效应、物质技术、艺术规律三个特点。突出特征、对比映衬、夸张、联想、幽默、比喻、以情托物、以少胜多等是形式美的基本法则，是设计创新常用的方法。在 3D 打印技术的支持下，产品形态的设计和实现显得越来越自由化(如图 4-4)。

图 4-4　极致盛放 3D 打印产品

图片来源：Xuberance 极致盛放

产品形态的设计可能有无限的发挥空间，但结合到具体产品，其形式就要受到一定约束，需要体现一定的价值和意义。一般而言，产品形态设计要符合以下几点：

1. 形态体现功能。对功能主义而言功能决定形式，但是从设计语言来讲，产品的形态能够直接体现产品功能，形态体现功能是产品设计的基础。

2. 形态维护品牌统一形象。基于可持续化发展的需要，将产品系列化和品牌化是企业不断运用的手段。产品美学设计就不仅需要考虑单个产品的美，更需要肩负品牌基因的传承，因此产品形态的设计也需要考虑企业产品设计风格的形成和传承。

3. 形态体现合理性。产品的形状应该符合人机工程学因素。以往园丁用的修剪树枝用的剪刀没有考虑人手掌骨骼和筋腱的结构，剪刀的把握姿势不合理导致很多园丁出现腱鞘炎。

4. 形态体现情感。情感化设计已经成为现代设计的发展趋势。国际著名的青蛙设计公司最早提出“形式追随情感”的设计理念，崇尚情感化设计。丹麦设计大师雅各布森(Arne Jacobsen)设计的蚁椅、蛋椅、天鹅椅等众多产品无不以形传情。设计怪才飞利浦·斯塔克更是将形态体现情感贯穿每件作品。

(二)色彩

现代科学已经表明，一般人从外界接收的信息绝大部分来源于视觉，而视觉对物理、空间和位置的辨别又与颜色、明暗关系有很大的关系，因此色彩是大脑最容易被刺激的因素。产品的色彩要考虑产品本身、产品使用环境、使用人三者及其相互关系，即色彩设计必须适应和满足产品、环境和人的要求。对产品本身而言，要通过主导色、陪衬色和点缀色等区分产品不同功能区域，丰富产品色彩美感；对使用环境而言，就要考虑产品与环境的色彩搭配：生产性产品则要突出安全性和功能性；生活性产品则要突出融合性和舒适性；对人而言，则要考虑使用对象或消费群体的基本特征、偏好，以多样性和差异化满足消费者的喜爱。当前，在一些技术趋于成熟的行业，渐变色正在成为各类产品外观设计出奇制胜的创新点(如图4-5)。需要注意的是，相同的色彩在不同的地区和国家可能具有不同的意义，因此色彩设计一定要注意产品使用的区域和民族的习俗与禁忌。

图4-5　渐变色的应用

图片来源：CMF设计军团号

（三）材质

材质即材料及其呈现的质感。材料本身就是一种美，不同的材料给人不同的感觉，比如玻璃材料的晶莹剔透，金属材料的坚硬刚强等。材料是产品设计的基础，没有材料做设计就如“巧妇难为无米之炊”。从人造的角度来看，材料可以分为自然材料和人造材料。20 世纪三大有机合成材料——塑料、合成纤维和合成橡胶的发明和应用为产品美学价值的设计创新带来了巨大的进步。如果在发现或创造美的过程中，忽视了物质而只关注形式，我们就会错过这个永久性的机会来强化美的效果。材料美不仅可以加强结构美，而且可以把结构美提升到一个更高的层次。没有材料美，物理就缺少深邃美、精致美和无穷美。质感除了材料自身固有的属性以外，也可以采用不同工艺处理，以获得不同的质感。比如，金属表面拉丝效果和光滑效果的质感是有很大差别的。

随着科学技术的发展，智能材料的研发和应用正在为产品的设计带来超乎想象的可能及前所未有的美学体验。比如，智能表面材料就是一种通过某种介质材料增加产品电子功能，增强人机界面交互和环境体验的新型材料。这种材料能够与纺织品、皮革、复合材料等多种材料结合，实现不需要时隐藏不可见，需要时通过手势、声音、触控等方式实时交互等功能（如图 4-6）。

图 4-6　智能表面材料在汽车内饰中的概念设计

图片来源：CMF 设计军团号

（四）图案

图案是指在产品外观和内部添加的图像、符号或文字，也包括对材料进行镂空或凹凸处理的图案效果。人类在原始时期就通过图形符号记录事件和沟通交流，许多图形符号已经成为一种图腾符号，承载着一定时期和一定地区的文化和精神内涵。所以，图案除了本身的形式可以带来视觉美感以外，还可以通过其承载的文化内涵吸引欣赏者，带给观赏者和使用者精神上的愉悦。比如，2008 年奥运火炬的祥云图案不仅让火炬显得高雅华丽、内涵厚重，而且体现了祥瑞的文化内涵。图案对图腾文案的恰当运用还可以体现一个民族和地区的精神文化，增强产品美学价值的民族和地区认同感。对于具有传承性和延续性的产品设计，其图案设计往往有特定元素的要求。例如，根据国际奥委会规定，奥运奖牌虽然由举办国自主设计，但图案必须包含奥运五环和在帕纳辛纳克体育场前的希腊胜利女神等标志性图案（如图 4-7）。

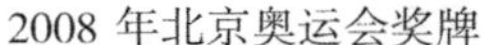

2008 年北京奥运会奖牌　　2020 年东京奥运会奖牌

图 4-7　2008 年与 2020 年奥运会奖牌设计对比

图片来源：搜狐

四、产品造型感官美的设计创新方法

从设计操作层面来讲，产品感知价值的设计不仅要运用形式美的法则也要考虑产品族发展、产品消费对象感受等多个因素。形式美法则、形状文法、感性工学和仿生设计等是现在产品美造型感官美的主要创新方法。

(一)形式美法则

形式美法则是进行艺术创作的基本法则，它是人们在长期的艺术创作中总结形成的对美的规律的把握。享誉世界的英国画家威廉·荷加斯在《美的分析》一书中最早系统分析形式美的规则："适应，多样，统一，单纯，复杂和尺寸——所有这一切，都参与美的创造。"①结合众多艺术家、设计师和相关理论学者的观点，形式美的法则可以概括为：对称与平衡法则，比例与尺度法则，节奏与韵律法则，对比与调和法则。这些法则主要涉及产品的大小和各部分之间的比重、产品结构和色彩的布局、产品色彩的设计、产品界面视觉和功能区划的布局等各个方面。形式美的法则要与产品的材质结合起来，才能创造完整的美学表现。而形式美法则之间，又如威廉·荷加斯所言："(这些规则之间)相互补充，有时相互制约。"

(二)形状文法

形状文法也被称为造型方法，是20世纪70年代美国麻省理工学院的学者提出的根据对产品形状的结构和关系剖析，将形状分为若干个单位，然后对这些单位进行空间上的排列组合，在保持产品风格的同时，能够很快创造新的形式。常用的形状文法推理规则包括：置换、增删、缩放、镜像、复制、旋转、错切、坐标微调等。形状文法不但可以对产品进行基因延续，而且对研究产品的风格变迁和历史发展研究起到重要作用。

---

① [英]威廉·荷加斯．美的分析[M]．杨成寅，译．北京：人民美术出版社，1984：22.

（三）感性工学

感性工学也被称为情绪工学，是利用统计学的方法，针对目标用户，将人们对产品设计要素的主观判断进行归纳后，结合工程技术实现产品设计的方法。这是一种典型的以消费者为导向的设计方法。该方法由日本学者长町三生教授最早在20世纪70年代提出，后经20世纪80年代马自达汽车集团在汽车设计中的应用和董事长的推广，被广泛应用到汽车设计和一般工业消费品的设计当中。

（四）仿生设计

人类的智慧来源于大自然和与大自然的搏斗当中，并在社会实践中不断地发展。对产品设计而言，人类最早的劳动和生产工具都是模仿自然形态。“我们永远发明不了比自然更美、更简捷、更经济的事物”。①仿生设计从自然现象和自然规律出发，围绕一定对象的形态和特殊能力，分析其结构和能力实现机理，创造出符合需求的产品。大自然中的形态丰富多彩，能够启发我们的设计思维。中外许多设计大师都热衷于仿生设计，比如德国著名设计大师卢吉·科拉尼（Luigi Colani）一生中大部分产品运用了仿生设计，产品造型风格自然流畅、自成一体。设计大师罗斯·拉古鲁夫用生物进化的观念指导设计，热衷创造有机形态（如图4-8）。

一般产品造型工业设计师可以直接实现，但面对复杂产品，要想造型既美观又结构合理，就不得不与其他学科协作，尤其是材料力学、空气动力学等学科领域专家相互协作。

① ［美］马蒂·诺伊迈尔．设计为本［M］．北京：人民邮电出版社，2011：76.

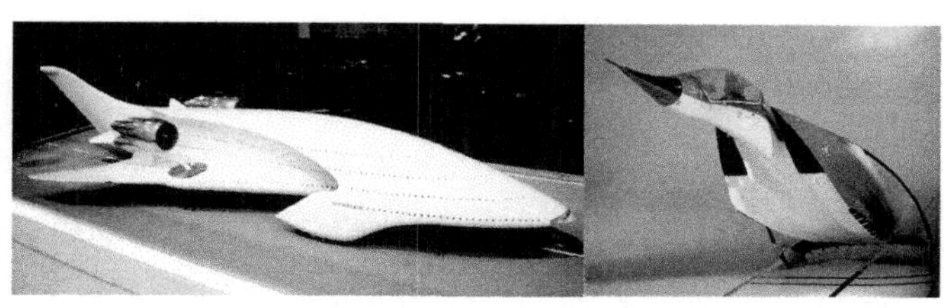

科拉尼作品　　科拉尼作品　　拉古鲁夫作品

图 4-8　仿生设计作品

图片来源：花瓣

第三节　功能体验美

产品不仅要在技术上保持良好效果，还要给人以美的感受。如今，不仅设计服务企业重视产品的用户体验，而且制造企业对用户体验也越来越重视。Monk A. 和 Lelos K. 通过具体产品使用案例研究证实产品美感与功能使用存在内在一致性，认为越美的产品越好用。Larson K. 等人认为在人机交互中美学与实用同等重要，并通过实验证实，界面的美感与阅读效率正相关。“用户体验分析”(UX Analysis)被认为是唯一能够让制造商对用户情感、信仰、偏好、期望，以及在使用产品前、使用中和使用后在心理和身体的反应，包括使用行为和评价等全面了解的途径。体验本身就是一种美，能够给人带来审美享受。功能体验美是指产品在使用过程中让人感受到舒适、安全、高效等令人满意甚至惊喜的效果。虚拟现实(VR)、增强现实(AR)和混合现实(MR)技术的发展为创造沉浸式体验和现实增强体验提供了更好的设计基础。

一、功能体验美的设计原则

功能体验美主要通过产品交互设计来实现，而交互设计是对产品的使用行为、任务流程和信息架构的设计，实现技术的可用性、可读性以及愉悦感。因此功能体验美的设计原则要时刻体现以人为中心，注重系统性思维，可以调节反馈并在传承中创新。

(一)以人为中心设计原则

以人为中心是产品设计的原则，更是功能体验美设计的基本要求。以用户为中心的产品设计创新需要强调三个方面：(1)注意对象差异性。不同人的心理、生理、行为习惯等都不一样，这就需要针对目标市场做好用户研究。人性化、情感化是功能体验的出发点。良好的设计应该做到产品适应人的需要，而不是产品让人去适应。因为不同的人有不同的消费需求，企业自以为是的人性关怀设计可能会成为消费者讨厌的累赘。(2)注重功能实现效果。产品操作程序设计便于消费者快速理解和学习，操作流程顺畅，交互信息结构完整，才能让用户产生满意的交互体验。(3)符合人们的习惯用法。交互设计范式已经经历由技术中心向隐喻中心的演变，目前正在进入习惯用法为主的范式。习惯用法即根据人们一般的行为习惯和固定认知设置操作盒交互流程，能够让人自然地实现目标操作。

(二)系统性原则

功能体验美要把研究对象放在人、机、环境系统中加以认识和考虑。分析目标人群时不仅要分析生理特征，更需要考虑心理和生活行为习惯；分析产品时不仅要考虑产品的技术可行性和美观性，更要考虑产品是否能满足人的根本需求；环境因素也会影响产品的使用效果，甚至对产品功能设计的合理性起到决定性作用。除了客观对象和环境的分析，更需要考虑相互之间的交互关系。所以功能体验美不仅仅是技术上的功能实现，更是事物“事理学”①的表现结果。

---

① 柳冠中教授提出“设计事理学”理论，认为设计不仅仅是做产品，更应该要观察产品背后的事理，把握产品内在价值，解决产品背后的问题。

(三)调节反馈原则

调节反馈原则包括可调节性和操作反馈性两个方面。可调节是指产品面对不同人群时在规模尺寸上和功能的实现方式上能够进行一定范围的调节或选择。增强产品功能的可调节性能够满足更多用户的需求，从而在节约成本的同时增强用户的满意度。操作反馈是指产品接收指令后，以一定的方式反映指令是否被成功接收和执行。尤其是当出现错误操作时，人们希望能够及时被提醒，因此容错操作和失败反馈是功能体验设计必须考虑的因素。调节反馈要让产品使用起来高效、顺畅和安全，不能成为一种新的障碍因素。

(四)传承创新原则

典型性和新颖性是影响人们对产品审美体验的两个维度。典型性即产品设计带有代表性和普遍性的程度，而新颖性代表产品的创新变化，突出的是差异化。从认知的角度来讲，典型的产品更易被识别和理解，而新颖性的产品由于用户没有或很少体验过，可能会存在一定认知障碍。为了避免产生意义认知代沟，创造成功的美感体验，设计师就需要在典型性和新颖性之间把握平衡。对于追求完美的设计师而言，可以遵循美国设计师罗维提出的“最为先进，却可接受”的原则“Most advanced, yet acceptable”原理(简称MAYA)。①

二、功能体验美的一般设计思路

一般来讲，要实现产品功能体验美需要从以下三个层面考虑：

1. 基于人机因素设计。随着人们消费水准的不断提高，私人定制和小批量定制的需求不仅在服饰设计中越来越多，在一般工业产品设计

① Loewy, R. Never Leave Well Enough Alone [M]. New York: Simon and Schuster, 1951.

中也越来越常见。基于人机因素设计是指根据目标人群的身体特征进行产品设计，对现有产品结构和功能进行改善。产品功能体验的第一要素就是要合适，因为“合脚的鞋子才是你的”。如果一个产品让人拿在手上或者穿在身上感觉不舒服或者操作不顺利，就不可能产生美感。人机因素不仅包含传统的测量数据，也包含来源于网络的大数据。它的主要理论和设计依据来源于人机工程学，即在设计过程中充分考虑目标对象的生理结构和心理偏好。

2. 基于使用方式和使用环境设计。柳冠中教授提出的设计事理学强调设计一个产品不能单纯考虑产品本身如何设计，更要考虑产品承载的事理，即产品背后的人及其使用原因。同样的产品对于不同的人来说意义不一样，要求也不一样。例如对家庭中的椅子与办公使用的椅子在进行设计时要考虑的要素是不一样的，家用笔记本和商务笔记本的设计要求也是有一定差别的。

3. 基于生活形态和习俗设计。每个地方的人都有一定的生活习惯。在某一个地方受欢迎的产品不一定在另一个地方受欢迎。因此要想产品实现功能体验美，就需要考虑目标对象的生活习惯和习俗。例如，“碾、磨”是中国饮食加工中非常重要的一种传统手段。使用碾、磨方式榨取的豆浆不仅保留了豆汁纤维的完整性，而且能够让豆汁在制作过程中与空气发生氧化反应而形成蛋白质。一般市场上销售的豆浆机，其核心原理几乎都是通过刀具的高速旋转将黄豆粉粹为粉末，这样的制作方式严重破坏了豆浆的结构，损失了维生素 B 等营养元素。因此，碾磨的豆浆与一般豆浆机打出来的豆浆在口感上有很大的区别。清华大学的石振宇教授就根据中国人的生活习惯设计了碾磨式豆浆机(如图4-9)，该产品一经推出备受消费者欢迎，其设计也引领着中国白色家电的设计方向。

三、功能体验美的设计创新方法

功能的实现要通过处理“物与物”的关系，而功能体验则要通过处

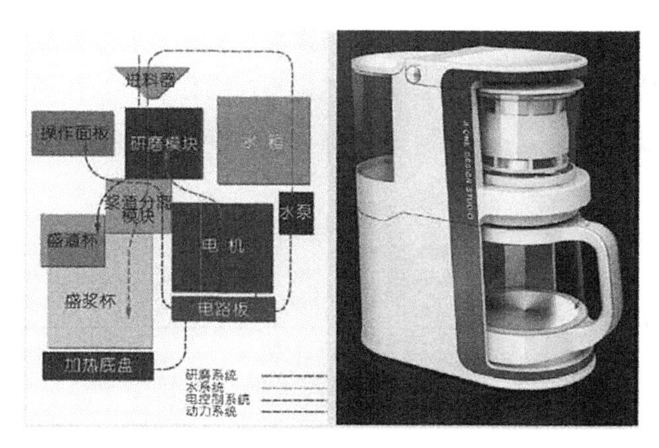

图 4-9　碾磨式豆浆机及其工作原理

图片来源：汪芸、周志(2012)

理“人与物”的关系。功能体验强调产品功能对人的价值发挥及由此产生的心理情感反应，也可以称之为使用体验。使用体验是指：“用户在使用产品过程中的直观感受，如舒适、清晰、轻巧、温暖、安全及产品细节所体现的人性关怀，归纳起来主要包括人机交互、情感两个要素。”①情感化设计关注用户的文化生活和情感体验，重视产品细节对用户心理和情感的影响。随着体验经济的深入发展，企业对消费者情感的日益重视，情感化设计正在超越产品功能本身，正在扭转当前功能主义之下技术凌驾于情感之上的情况。早在 20 世纪 70 年代，美国学者托夫勒(Toffler，A.)就提出：把心理因素设计到成品中去，将是未来产品的特点，不仅消费品如此，工业机器也是如此。

科学技术是一种资源，但人们要享受这种资源就需要设计作为载体实现其成果的实用性。如果说科技是“源”，则设计是“渠”，只有渠才能将源水送到需要的地方去发挥价值，即科学技术只有在转化为消费者

① 辛向阳，曹建中．设计 3.0 语境下产品的属性研究[J]．机械科学与技术，2015(6)：105-108.

可用的物质化产品时才能转化为社会财富，发挥社会价值。如果以情感性为横轴，以科技性为纵轴，我们可以将产品的功能体验设计划分为四个区域。功能体验设计的最高目标就是将产品往高科技性和高情感化区域迈进(如图4-10)。

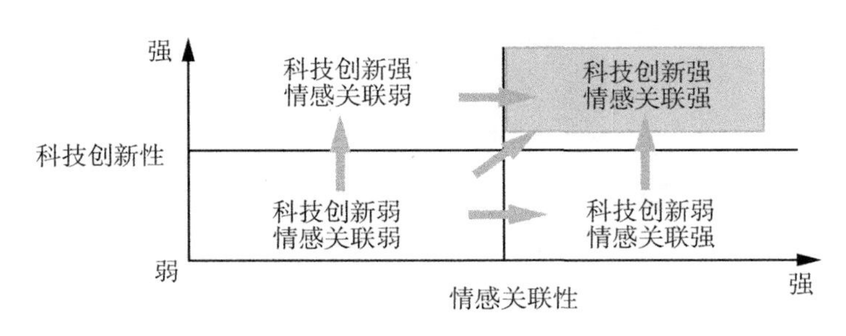

图4-10　产品功能体验美的提升方法

图片来源：作者绘制

实现功能对情感的满足并不是进入21世纪后才被社会关注。20世纪初，诸如柯布西耶、米斯等设计师就开始在建筑设计和产品设计中开始融入情感和趣味。功能体验美之所以如此重要，是因为功能体验的过程即人与物的互动，让人产生身心合一的真实感。诺曼(Donald A. Norman)将产品情感化设计分为本能层设计、行为层设计和反思层设计。行为层设计重点关注产品的功能体验，强调产品与人互动过程中给人的生理和心理感受。

功能体验来源于技术对功能的实现，但功能实现是基础，关键是消费者在使用产品中能否得到更好的消费体验。Wooderful Life是中国台湾一个以设计生产和销售音乐盒为主的品牌，“以机芯发条带动的趣味动态”是他们对音乐盒的定义。他们制作的音乐盒不只是一个音乐铃声的玩具，更是一个富含着传统与创新的情感载体。用传统与现代工法，赋予木质产品永恒的新生命是他们的价值追求。虽然每件作品的科技含量并不很高，但其所表现出来的意境流露了真情，勾起人的回忆，让人充分感受到童趣(如表4-2)。

表4-2　　　　Wooderful Life 产品、技术和工艺

表格来源：作者编制

第四节　形象内涵美

形象内涵美是指产品所承载的文化内涵和符号价值给人良好的印象，“是消费者基于自己的价值取向对产品和服务产生的一种主观感受。由于同样的产品可以赋予不同的象征意义，从而让消费者可以产生不同的感受，这为企业提供了创造竞争优势的新途径”①。在符号美学家看来，形象内涵其实是一种符号，而“符号之所以能够成为美学价值

① 侯历华，王新新．国外品牌象征意义理论研究综述[J]．外国经济与管理，2007，29(6)：49-57.

的一部分，在于符号能够将人的生命和情感客观化，并使之成为美的形式”。

产品的形象内涵与品牌形象天然地联系在一起。品牌形象是产品形象内涵的一部分，而产品的形象内涵会影响和提升企业的品牌形象。品牌形象是建立在产品形象内涵上的，从一定意义上讲品牌形象就是相应的产品形象。当企业统一一系列的产品设计形成了品牌形象后，产品的设计创新就会受到品牌形象的限制，继承和创新品牌基因成为产品设计创新的原则。“二战”后总体和平的环境加快了企业发展，也导致企业竞争激烈，品牌形象开始流行起来。没有品牌的产品难以赢得市场青睐。20 世纪 50 年代，IBM 公司为了增强产品的竞争力，委托设计师为企业产品造型、色彩、商标和各种标志都进行了系统设计，并进一步规范了生产和营销活动，从而极大地提升了公司形象，增加了产品的竞争力。① 我国改革开放后的 1988 年广东太阳神集团首次导入企业形象系统，自此越来越多的企业注重企业品牌的形象设计。

一、形象内涵美的设计原则

形象内涵美的设计不同于前两者的最大区别在于需要从企业或者品牌角度考虑问题，需要注重企业文化、品牌形象和产品基因。因此，至少需要把握以下几个原则：

（一）创新性

所谓创新性是指形象内涵设计对外横向相比存在一定差异。每个产品品牌都应该有独特的形象内涵，它能反映产品的个性，没有个性的品牌容易被人忽视，也容易被人们遗忘，因此差异化创新是产品形象内涵设计的基础。由于产品具有一定的消费对象，而不同消费群体有不同的消费心理和群体特征，社会文化、地区习俗也会影响消费行为。因此在

① 徐恒醇．设计美学［M］．北京：清华大学出版社，2006：119.

进行形象内涵设计时，首先需要明确主要消费对象，对产品进行形象定位。然后通过设计创新体现符合消费者预期甚至让消费者惊喜的产品特色。最后通过市场营销和服务体验增强产品的认知度和市场占有量。

（二）鲜明性

鲜明性是指产品价值主张和设计风格具有明显的特色。每一种价值主张、每一种产品风格所传达出的产品信息给人的印象都是不一样的。鲜明性是产品在激烈的市场竞争中表现价值的必然要求。国内外诸多知名设计公司都有鲜明的品牌特性。例如海尔家电的“无菌、保鲜”，新飞的“绿色”概念都旗帜鲜明地传达了产品理念。361°运动鞋在设计中加入诸多时尚元素，实际是以运动的名义卖时尚，从而在竞争激烈的运动用品中取得重要的市场地位。苹果的“科技、时尚”感和简洁设计不但赢得众多“果粉”，更是行业设计创新的标杆。

（三）延续性

虽然企业需要根据时代的发展变化，与时俱进地改变产品设计形式，但是为了保持企业品牌形象的识别性，企业从标志到产品语言风格再到设计理念都需要保持一定的延续性。所谓延续性是指企业形象系统和产品风格，在创新的同时保持传统要素，也称之为品牌 DNA 的遗传与变异。例如苹果 iPhone 从诞生到现在虽然经历了数次设计变化，但基本形态和设计风格都未曾改变（如图 4-11）。

（四）真实性

产品的形象内涵美需要企业的宣传和推广，但只有在用户体验过后，经过一定时间和空间上的积累才能形成大众口碑，因此企业对产品进行形象内涵宣传时需要保持产品属性的真实性，否则会给人虚假夸张的印象，对产品和企业的形象造成不良印象。小米是一家手机起家的互联网企业，2013 年小米研发了低价高能的移动电源，在市场营销前的

图 4-11　苹果 iPhone 手机

图片来源：作者搜集整理

文案设计中想过“小身材、大容量”“重新定义移动电源”“超乎想象的惊艳”“最具性价比的手机伴侣”等宣传语和相关海报展示产品强大而极具创新的形象，以吸引消费者，但小米最终的宣传文案展示给大家的是：10400 毫安时，69 元，全铝合金金属外壳，LG、三星国际电芯并配上质感清晰的图片。真实的宣传和真诚的态度很快让小米移动电源赢得市场良好的口碑和市场销量。2014 年 12 月 3 日，小米移动电源推向市场一周年时，其销量突破了 1000 万。

二、形象内涵美的设计创新方法

产品的形象内涵通过承载的价值理念、文化内涵和身份象征给人以积极向上的美好体验。产品形象内涵美的主要影响因素包括产品故事、文化承载、价值主张、品牌形象、形象宣传、商(网)店美化等。

(一)产品故事

具有诗意或者充满故事性的产品会让消费者在没有见到产品时就产生美好的联想和想象。一个好的产品故事不但利于人们记忆，而且能突出产品的文化内涵，带给审美主体独特的精神审美体验。《卡勒瓦拉》(*Kalevala*)是芬兰民族的史诗，在其发表 100 周年之际，芬兰妇女成立一个委员会，为了筹措修建史诗中妇女的雕塑，她们获准复制芬兰国家博物馆收藏的古代首饰，并命名为卡勒瓦拉，并以此名成立了首饰公司(Kalevala Jewelry)。该公司很快就发展为北欧最大首饰设计和销售公司。由于产品所具有的独特故事，每一个戴上卡勒瓦拉珠宝首饰的人，都仿佛拥有了一段与史诗相关的回忆。

(二)文化承载

产品美学价值本身就是一种文化显现，这种文化除了设计师创造的创意性知识文化外，还可以通过转嫁其他文化来实现，比如民族或区域特色文化、工匠精神文化、历史优秀文化等。不一样的文化将赋予产品不一样的文化内涵，这些文化内涵对消费者而言，无论是从文化认同上还是从审美认知上都具有一定的吸引力。比如，上文所提的芬兰卡勒瓦拉品牌首饰，他们在技术创新的同时，致力于传承和创新芬兰传统工艺，是勇敢、传统和纯真的象征，具有鲜明的民族和区域特色

(如图 4-12)。

图 4-12　卡勒瓦拉珠宝首饰

图片来源：Kalevala Jewelry 官网

(三)产品价值主张

产品的价值主张，即企业通过产品向社会和消费者传达的理念。不同的企业有着不同的产品价值主张。实践证明，良好的产品价值主张对促进产品形象和企业形象有着积极的作用。“环保低碳”是当今企业热衷的价值主张之一，这一价值主张提升了无数能源相关企业的声誉；“时尚科技”的价值主张成就了苹果 iPhone 等为代表的科技创新企业；“超高性价比”作为产品价值主张成就了小米手机的市场地位。

(四)包装设计

产品包装设计不仅能保护产品和方便运输，更能体现产品的艺术风格和功能特征，对提高产品的美学价值起到极大的作用。传统的插座包装与新型的插座包装给人不同的价值感受，传统的塑料透明袋虽然能够让人清楚地看到里面的插座形状和颜色，但给人简陋低端的感觉。新型的包装，给人以现代、简洁、大方的美感，同时突出了插座设计的先进性(如图 4-13)。

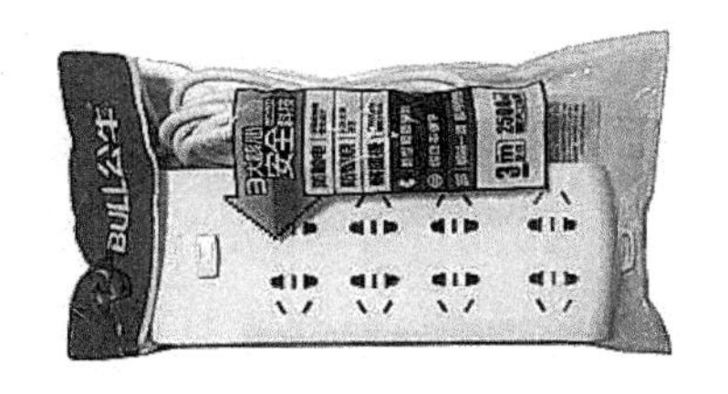

a 传统包装插座

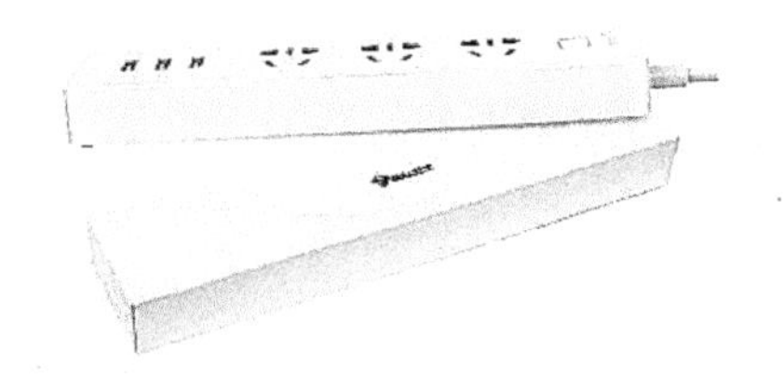

b 新型包装插座

图 4-13　公牛传统与新型插座包装比较

图片来源：京东商城

（五）品牌形象

企业形象系统是企业品牌的形象基础，代表企业的文化和发展理念。许多企业会为了更新企业形象而不惜花费大笔人力和财力。无论是可口可乐，还是苹果等世界知名企业，还是中国的吉利汽车、谭木匠等民族企业，都非常重视品牌形象的设计。

（六）品牌推广

产品要向市场推广，就需要通过形象宣传扩充知名度。海报设计、展会设计、广告设计除了自身的视觉美感外，更需要将产品的价值主张和优势特征表现出来。形象宣传的视觉设计风格能够给人深刻的印象，明星代言产品不仅会收到粉丝经济效应，也会让人们通过明星记住产品及其所代表的身份符号或精神文化。比如提起世界知名运动品牌——耐克，人们就会想到飞人乔丹。为了维护良好的品牌形象内涵，体育界的重量级人物几乎都被耐克邀请过代言。

（七）商（网）店美化

服务体验是体验经济时代人们对产品价值判断的重要标准，当一个美好的产品吸引了顾客，但没有良好的销售和售后服务态度和环境的时候，顾客的消费决策会受到极大影响，甚至直接导致交易失败。所以注重企业和产品形象的企业，不但重视体验店和售后服务站的环境设计，而且会有温馨周到的服务。商店美化主要包括店面形象的设计、橱窗的设计、产品展示设计等，这些设计直接关系到消费者对产品设计的印象。随着互联网经济的发展，许多产品都是通过第三方网络平台或者企业网站销售商品。产品网站(店)的整体风格、图文展示、交互界面设计等都将直接影响到消费者对产品美学价值的判断和消费体验。因此，产品销售网店的设计与优化在当今也显得十分重要。

三、形象内涵美的提升方式

形象内涵美与造型感官美的最大不同在于它的价值认知基于社会心理反应，需要与社会消费大众产生心理映射关系。产品形象内涵美的价值认可和提升不仅在于产品设计本身，更在于让消费大众熟悉和感知它的内在美。根据一般知名创新品牌企业的经验，产品形象内涵美的展现和提升方式可以概括为如下几种：

(一)高端切入

高品质的产品不仅能获得良好的功能体验，更是一定身份地位的象征。高品质一般意味着价格相对较高，例如奢侈品的价格不是一般人能承受起的，但是不可否认的事实是大多数消费者是期望高端产品的。在高价格和尽可能多的消费者之间，企业可能保持高端形象，也可能会寻求两者的平衡。于是通过高端产品树立品牌形象，以大众产品取得市场是一般企业惯用的手法。许多新兴企业通常也会通过高端产品切入赢得良好市场形象。比如，特斯拉汽车利用高端跑车打入市场的理念就非常成功。在特斯拉之前，电动汽车的名声和形象特别不好，是特斯拉颠覆了电动车的概念，它让人们对电动车的意识由“因为环保而开”转变为“想要开的环保车”。(图4-14)①特斯拉不但成了富裕的象征，更成为

① 陆西．埃隆·马斯克传[M]．重庆：重庆出版社，2014：90.

有环保责任的富裕人士的象征。熟悉特斯拉公司的人都知道，特斯拉企业发展有“三步走”战略，它的最终梦想是让特斯拉成为大众的产品。

Roadster

Model S

Model X

图 4-14　特斯拉汽车

图片来源：汽车之家

(二)偶像魅力

虽然明星的代言费用非常高，但明星代言能提升产品的价值形象，带来粉丝经济效应。提起耐克的成功，除了其自身的技术和服务外，以篮球之王乔丹为代表的体育明星们的代言绝对起到了巨大的促进作用(如图 4-15)。乔丹篮球鞋是耐克旗下一个以篮球明星乔丹名字命名的鞋类、服装和饰品的高端品牌。乔丹一生的篮球生涯充满传奇色彩，拥有众多忠实粉丝。乔丹篮球鞋不但融合了最前沿的球鞋科技和设计理念，更融入了乔丹本人的设计创意。他不但代言产品，更深度参与了球鞋的设计过程。耐克公司创意副总裁汀克·哈特菲尔德曾说：“(乔丹)与其他大部分运动员不同，他确实很喜欢坐下来参与产品的设计过程，给产品烙下属于自己的印记，甚至深夜致电讨论设计的细节。”①因此，由于乔丹的传奇色彩和敬业精神让乔丹鞋拥有了不一样的形象内涵美。

① 中交网．耐克如何把乔丹鞋，从体育品牌升级成为文化符号．[2014-12-01]http：//s. c-c. com/bbs/view-696990. html.

乔丹

詹姆斯

科比

图 4-15　耐克品牌明星代言部分广告

图片来源：作者搜集整理

（三）情感吸引

情感吸引是通过形象和产品内涵的表达引起消费者心理上的共鸣和回忆，从而让人从心理上产生可敬、可爱、可喜等美好感受。Innocent Drinks 是一家由几位年轻人创办于 1998 年的英国企业，产品包括思慕雪、果汁、方便蔬煲等百分百纯净、新鲜的水果浓缩液饮品。品牌的名字“Innocent”，即纯净、纯真，标识是由 Deepend 的设计顾问 David Streek 设计的看起来像一个戴着光环的苹果（也可视为小孩脸的简笔画）图案。品牌标识本身就让人觉得可爱，而其包装更是通过多种表现形式传达出可爱、有趣的意味，甚至物流都让人感觉到新鲜自然的趣味。可以说该品牌从标识到包装到户外形象都给人以“可爱、天真无邪”的感觉，让消费者十分喜爱（如图 4-16）。目前其产品在欧洲，尤其是北欧广受欢迎。正是因为看好该品牌的形象和发展情景，可口可乐不但收购 Innocent 20%的股份，并在不久后将原股份持有率提高到 58%。

（四）口碑传颂

俗话讲“金杯银杯不如老百姓的口碑”，如果产品能够获得消费者的良好口碑，并被不断传颂，那么产品形象内涵自然被越来越多的消费

标志及产品 “针织帽”创意包装 物流创意

图 4-16 Innocent 产品及形象创意

图片来源：作者搜集整理

者认可。市场营销之父科特勒认为口碑营销更能够使受众获得和接受信息，更容易影响其购买行为。随着互联网的发展，口碑营销已经成为初创新秀企业和知名品牌最看中的营销途径。企业要获得良好的口碑并且被传颂，一般需要四个条件：(1)产品具有良好的品质保证，这是根本；(2)顾客让渡价值比较高，或说具有高性价比，并且用户体验良好；(3)建立交流平台或粉丝经济圈，并且用户具有较高的参与度；(4)有一批意见领袖或者灵魂人物，通过其自身或背后力量扩大产品口碑影响力。新能源汽车特斯拉、互联网企业小米等知名新秀品牌在创立初期都是几乎不打广告，而是靠口碑传颂被消费者熟知和高度认可的企业。

(五)简单暴露

产品的形象内涵美是一种消费大众对品牌的心理印象，为了形成和加深良好印象，一定的广告宣传是必需的手段。心理学上的简单暴露效应(mere exposure effect)，也被称为熟悉定律(familiarity principle)是品牌形象推广中重要的理论，该理论认为简单的无强化暴露可以在一定程度上提高对象对刺激的喜欢程度，可以简单理解为“熟悉导致喜欢”。①

① 张立荣，管益杰，樊春雷. 简单暴露效应：范式和研究回顾[J]. 人类工效学，2008，14(2)：64-67.

Mukherjee 及 Hoyer (2001) 认为科技创新产品会因为科技的难接受性而影响销售，若配合适当广告讯息与广告媒体等，能够减少消费者的抵抗力，正向影响消费者的产品评价和购买意愿。Di Benedetto (1999)、Meyvis 及 Janiszewski (2002) 和 Ziamou 及 Ratneshwar (2002) 等也认为适当的广告媒体及其提供的信息会引导消费者对创新产品进行咨询，进而影响到消费者对创新产品的自觉评价和购买行为。

第五章　产品美学价值的设计创新定位

定位是指一个公司通过设计出自己的产品形象，从而在目标顾客的心中确定与众不同的价值地位。定位是针对目标消费者要做的事，而不是针对产品对象要做的事，是通过对消费者心理需求的揣测，判断如何在消费者有限的心理空间中突出产品的差异化形象，以便吸引他们注意。产品美学价值的设计创新需要根据企业的品牌战略和新产品研发目标进行定位，这是设计前端或者说设计模糊期需要确定的首要任务。

第一节　产品美学价值的设计创新战略定位

企业战略是“企业以未来为基本点，为寻求和维持持久竞争优势而作出的有关全局的重大策划和谋略，一般分为三个层次：总体战略(公司战略)、经营单位战略(事业部战略)和职能战略”。伊戈尔·安索夫认为企业的经营结构由战略模式、组织和环境三个要素构成，且三个要素要协调一致时企业才能成功。设计战略也被称之为设计策略，根据企业的战略层次和不同企业的设计创新地位，设计战略可以划分为三个层次：总体设计战略、竞争设计战略、职能设计战略。企业采用哪种设计创新战略，以及如何实施战略需要根据企业发展目标，由分析外部环境的机会与威胁和内部能力的优缺点做出决定。

一、总体设计战略

企业的发展离不开战略的指导，不同的环境和自身条件决定企业需要采取不同的战略以保持长远发展。产品美学价值的设计创新作为一种设计策略，需要在不同情况下做出不同选择。

(一)维持型战略

维持型战略也称为稳定型，是指企业保持与过去基本一样的发展模式，发展目标，同时产品或服务的经营范围基本不变。一般在产业技术创新处于成熟期，消费者偏好相对稳定，行业竞争格局比较稳定的情况下企业会采取这一策略。

在维持型战略下，设计创新重点是保持原有产品设计组合和设计方向，进行设计风格和款式的变化。产品美学价值重在保持产品原有的品牌形象，通过设计形式的改变满足消费者基本的审美需求。

(二)发展型战略

发展型战略也被称为扩张型战略，是指企业不断增加经营业务和范围，增加市场占有率。发展是求生的本能，一般企业都会经历这一战略时期。在这一战略指导下，企业一般会通过横向一体化、纵向一体化和多元化发展来实现扩张目标。

在发展型战略下，企业设计创新将变得非常活跃，产品设计将会多元化发展，设计的组织方式也会灵活多样。争取更多市场和消费者喜爱企业产品，了解企业品牌形象是这一时期企业设计创新的重点。因此产品美学价值在设计创新中占有重要分量。此时的产品美学价值设计创新活动要非常活跃，需要从美学价值设计创新的多个维度出发，针对不同消费目标市场做出突破性创新。

(三)收缩型战略

收缩型战略是指企业从现有经营领域进行收缩或撤退，集中资源以应对环境变化从而保持企业的生存。收缩战略是一种消极发展战略，一般是在外部环境激烈震荡时期，或者企业发展走向衰退期所采取的一种短期战略，目的是以退为进争取生存空间。收缩战略可以分为主动型收缩和被动型收缩。主动型收缩是企业为了谋求更好发展，突出品牌特色，将内部资源进行调整和压缩到某一领域集中发展。被动型收缩是企业无法抵挡外部经济环境变化或者经营状况出现恶化，竞争地位开始虚弱的情况下减少经营范围和资源投入。

在主动型收缩战略下，产品美学价值的设计创新要找准定位，突出产品特色，提升产品对于消费者的价值。被动型收缩战略下，产品美学价值的设计创新要减少企业的资源投入，通过极简主义风格和整合外部资源维护产品形象。根据主营产品的功能特性，在一定情况下，企业可以放弃考虑对产品美学价值的设计创新。

二、竞争设计战略

总成本领先、差异化和集中化是美国著名管理学家迈克尔·波特提出的三大企业竞争战略。虽然迈克尔·波特的竞争理论被部分人认为由于建立时间较早而在当今信息社会有一定局限性，但正如波特本人所言："本书出版后，一方面某种程度上(社会)一切都变了……但一切又都没有变，书中提出的竞争分析框架超越了行业、特定技术或管理方法的界限……互联网的到来改变了行业进入壁垒，重新定义了买方力量，推动了新替代模式的产生，而行业竞争的基本动力却保持不变。"①

(一)成本领先战略

成本领先战略是指企业在将运营成本和产品成本尽可能降到最低，以低价格薄利多销或高利润汇报为总目标。要实现总成本就需要对企业人力、物力和财力进行全面控制，在产品研发、试制、生产和销售过程

---

① [美]迈克尔·波特．竞争战略[M]．陈丽芳，译．北京：中信出版社，2014.

中制定一系列的控制和优化措施，以降低经验成本和间接费用，实现高效生产。总成本领先是一种成本控制战略，它的最终目标是要实现产品在市场上的最大销售，如果为了控制成本而降低产品品质就会失去成本领先的意义。

产品美学价值的设计创新不但可以直接减少产品成本，而且可以间接减少产品的相对成本。正如马蒂·诺伊迈尔所言“由于美学价值被简捷与效能所强化，它为我们能够生存并继续繁衍在这样一个自然资源不断消减的时代提供了一套强有力的工具”①。极简主义风格已经成为当今世界主流的审美风格形式，它不仅是低成本实现高美学价值的一种经济方式，更是一种因减少材料和不必要功能促进环保的方式。极简主义设计风格以造型简化设计、模块化设计、部件标准化设计等方法减少生产原材料、生产程序和生产工艺复杂性等生产制造成本。

根据价值工程原理，价值为功能与成本之比。虽然产品总成本因为设计创新而提高，但产品美学价值使得产品总体价值提升，则产品美学价值的设计创新是有价值的。此外，通过口碑营销、粉丝效应等新的形象内涵传播方式将产品形象迅速扩散带来销量增长也是减少成本的方式。小米手机通过总成本领先战略将产品设计创新做到极高的性价比，很快占领大众市场，从而迅速成长为国内顶尖的移动互联网科技公司之一。小米紧紧抓住核心竞争力，将制造、物流等非核心业务外包。不建工厂，不开零售店，因此没有了制造成本、营销成本和渠道成本。但它可以利用世界上最好的工厂，通过互联网的电销直销模式将产品卖给用户。

（二）差异化战略

差异化战略也称别具一格战略，是指企业在品牌定位、产品风格、

---

① ［美］马蒂·诺伊迈尔．设计为本［M］．北京：人民邮电出版社，2011：77.

运营模式等某方面或多方面形成与竞争对手的差别。差异化战略从20世纪20年代就被以通用汽车为代表的企业所重视。随着时代发展，企业的差异化战略总体经历了产品差异化、形象差异化和运营模式差异化三个发展阶段。三星电子是韩国最大的电子工业企业，其在差异化战略上，主要通过独立研发，打破定势思维，垂直整合和强强联合等方面进行产品的差异化经营，并与苹果公司在高端产品研发、完善供应链和发行方面有很大的不同。

一般来讲企业可以通过四种途径体现产品差异化。一是卓越的质量，即产品比别的企业更耐用，更安全，更稳定。诺基亚手机当年的最大特点就是质量好，信号稳定，质量好到用来砸核桃都不会坏。二是优美的设计，即产品比别的企业设计更合理、样式更多、款式更美观。知名品牌企业就非常重视产品的设计，以突出产品的档次和品位。三是更高的性价比，即消费者所感知的产品所具有的功能和品质与购买价格之比很高。虽然低价策略是实现高性价比的常见方式，但产品的高性价比不一定依赖低价。四是新颖的概念，即产品能够带来全新的文化体验，或新的生活方式。这种差异化方式往往带来颠覆式创新，是技术、设计与文化的综合作用效果。

产品美学价值的设计创新差异化是指企业通过造型感官差异、功能体验差异或形象内涵差异等一种或多种方式实现产品与竞争对手的区别。其总的思想是“人无我有，人有我优，人优我转”。企业通过产品差异化设计不仅可以避免与竞争对手的直接竞争，也可以丰富产品的种类，为消费者提供更多的选择。

(三)集中化战略

集中即聚焦，集中化战略指企业只针对某一细分市场，或者只做某一类产品，集中资源来增强竞争力优势。一般初创企业和利基型企业都会采用集中化战略。通过集中化战略企业能够在最短时间内通过发力于一点而取得迅速发展，并且经过技术积累和持续耕耘很容易成为行业隐性冠军。小米公司2010年创立时集中于智能手机领域，当发展稳定后开始涉足手机周边领域并向家电、网游等其他领域延伸。

蕉下品牌(Banana Umbrella)是一家典型的集中差异化的品牌企业。该企业是香港减字控股集团创建于2012年的专业防晒伞品牌。品牌依靠可以高效阻隔紫外线的L. R. C™涂层科技，只做防晒伞。根据不同用户消费需求，公司将伞设计为多个系列。每一款伞的花纹图案都设计得非常优雅，采用专业的伞布和伞架，结合高科技材料和无按钮推拉式开关，并通过手工缝制技术以追求精致的细节。蕉下伞时尚漂亮的造型感官和优雅顺心的操作体验，很快就在消费市场定义了自己独特而高雅的防晒美学。

三、职能设计战略

职能设计战略是指在企业总体战略下，企业具体如何实施哪种策略以发挥产品美学价值的作用。根据一般产品特性和企业发展状况，可以将职能设计战略分为以下三种：

(一)美学价值主导型

美学价值主导型设计创新是指企业在实施产品创新过程中以产品美学价值为重点，在产品创新技术、投资重点、矛盾协调环节中以设计部门为主导的设计创新范式。企业实施美学价值主导型战略的前提是根据内外环境判断，认为美学价值是当前同类或相似产品的核心竞争力。追求产品美学价值主导，并不意味着放弃产品的功能和质量，而是将产品竞争上升到人文艺术层面。一般来讲，企业实施美学价值主导型产品创新设计，具有以下几种情况：

1. 企业具有强大的设计能力。企业只有充分发挥比较优势才能取得成功。当企业规模和资金不足以支撑产品研发庞大的资金时，企业可以通过设计创新另辟蹊径，在已有技术的基础上通过产品美学魅力吸引消费者。由于现在工业设计咨询与服务公司较多，企业即使缺少优秀设计师，也可以通过合作或外包等形式获取设计创新能力。

2. 产业发展进入技术成熟期。当产业发展到成熟期，产品技术达到顶点或进入瓶颈期，此时产品技术已经成为企业的基本能力，各企业的产品在功能和质量上难以有所区分。这一时期产品竞争激烈，丑货滞销成为必然现象，针对产品美学价值的设计创新将成为企业制胜的法宝。

3. 企业领导具有完美主义情节。产品美学价值不只是一种附带价值，更是一种品质的象征。技术只是产品实现功能的手段，而人文艺术才能将产品带进人们的内心，让消费者成为品牌的忠实偏好者。国内外众多以设计创新闻名的企业领导人都具有一定完美主义情节，他们宁可让工程技术人员花费成倍的精力和财力也要达到理想的设计效果。

（二）美学价值并重型

美学价值并重型设计创新是指企业在产品创新过程中兼顾工程技术和美学设计，相关部门要协商一致解决产品研发问题。众多科技创新企业在发展初期就采取这一策略，这也是目前重视产品美学价值的企业大部分情况下采取的策略。实施美学价值并重设计战略，需要企业技术部门和设计部门等相关研发部门保持双向紧密联系，建立良好沟通机制。

（三）美学价值辅助型

美学价值辅助型设计创新战略是指企业在产品创新过程中以技术研发和工程技术为主，兼顾产品美学价值的研发模式。设计部门一般作为辅助部门以美化产品为主要目的，甚至企业没有设计部门，而是将产品外观设计外包给外部设计咨询服务企业。企业通常在以下几种情况可以考虑美学价值辅助型设计创新战略：

1. 针对实用型产品。由于实用型产品①在美学价值上的设计创新

① 关于实用型产品的解释参见前文第二章第二节：五、产品美学价值的设计创新对象。

灵活度较小，而且被消费者认可的程度相对较低，所以企业在资金和人力有限的情况下，不会花费过多精力在设计创新上。但企业可以重点通过形象内涵的设计创新，提升品牌形象，从而增强竞争力。

2. 产业发展初期。在产业发展初期，新科技刚开始应用在产品功能上，虽然这种功能能够给消费者带来新的生活方式变化，但是技术还不够成熟，产品创新的重点将基于技术的进一步研发，这时产品美学价值的设计创新自然让位于技术创新。特别是初创期的科技型中小企业，在资源条件十分有限的情况下，毫无疑问会以技术研发为主导。

对于以上三种针对产品美学价值的职能设计战略，企业应该结合具体发展阶段和条件进行动态决策，在不同发展阶段选择不同的设计战略，甚至在同一发展阶段，比如多元化发展阶段可以实施组合设计战略。

第二节　产品美学价值的设计创新主导方式定位

设计创新的实现方式从不同的角度可以进行不同的分类，从创新的主导权上看，可以将其分为自主设计创新、合作设计创新、模仿设计创新、外包设计创新、借壳设计创新等五种类型。

一、自主设计创新——掌握核心

自主创新即企业依靠自身的人力、财力和物力，整合相关资源独立完成产品的创新设计过程，以此实现产品设计的独立自主，并拥有相关的知识产权。企业通过自主设计创新，不但可以掌握产业价值链上游，也可以更好地控制企业的产品基因，实现品牌形象的延续和持续提升。

实现产品美学价值提升的自主创新方式一般有两种情况：一是制造或销售企业成立设计部门或设计中心，加强设计研究和设计创新技能，通过优良设计和持续创新提升公司美学形象，从而提升产品美学价值。如今国内外知名制造或销售企业都有自己的工业设计中心或设计创新中心。越是创新品牌价值高的企业，工业设计中心的地位就越高，苹果、三星、博朗等知名品牌的设计总监都是对总裁直接负责。二是设计服务公司，通过向制造和销售领域延伸，将公司的设计创新能力转化为创新品牌形象，通过创立自主产品品牌提升企业利润。例如，雅器 Arcci 老年人手机，是国内知名设计公司嘉兰图倾心打造的专注于老年人用品品牌，它以“易用、雅致、充满人文关怀”为设计理念，在外形和功能上都专门针对老年人而设计。

二、合作设计创新——实现双赢

自主创新一般需要一定的基础，并且需要较大的投入。企业在技术和经济基础条件不具备或者为了更高的创新目标，可以通过与外界企业、研发中心、院校或政府合作的方式完成产品美学价值提升的设计创新过程。合作创新是一种双赢模式，企业之间可以通过优势互补，实现 1+1>2 的效果。不论是大型企业还是中小企业，合作创新的案例不胜枚举。虽然技术合作创新的案例比较常见，但是设计领域的合作创新也越来越普遍。企业间合作创新的方式可以多种多样。从合作方式是否固定来看，可以分为两种：一是双方出资或者出人，组建合作子公司或研发中心；二是项目性合作，即企业在有项目合作时临时根据合作需求进行合作创新。从实现平台来看，也可以分为两种：一是通过计算机网络或软件，构建虚拟交流平台或进行设计资源库共享的方式进行信息、创意、方案等多方面的交流合作；二是通过一家企业向另一家企业进驻设计人员或者相互进驻人员的方式进行合作。

合作创新不仅能够实现企业之间的优势互补，同时也可以起到维持企业价值链关系的作用。著名体育品牌耐克公司一向十分注重设计和营销，设计出来的产品都是靠承包商生产，自己从不生产产品。为了改善与供应商关系，在不得罪普通供应商的同时，增加对业绩突出的供应商的照顾。他们将外包业务延伸到了设计环节，把整个产品体系 80% 的设计工作外包给了合作时间长、表现优异的供应商，并且将设计业绩与生产订单分配相挂钩，经销商如果选定 A 供应商的设计款式，那无论订单量多少均由供应商 A 进行生产，与此同时，耐克还要对供应商 A 进行额外的合作奖励。

三、模仿设计创新——仿而超之

模仿创新即企业为了降低设计创新成本，缩短上市周期，通过对行业标杆企业或竞争对手的新产品进行功能、外观、使用方式中某一方面或多方面改变而完成产品创新的过程。模仿创新的优势明显，但是劣势也明显。当前国家各级政府和企业组织都越来越重视知识产权，而模仿创新，特别是针对产品美学价值的模仿创新特别容易陷入知识产权纠纷，即使没有违反产权保护法，也会给人以“山寨”货的印象，因此这种创新方式需要慎重使用。

模仿创新在两类企业中比较常见：一是行业类中小微企业。在没有足够能力与大企业竞争的情况下，为了赢得市场和利润，中小微企业往往采取改良或改变市场热销产品造型的方式设计生产新产品。二是为了较快防御和进攻竞争对手。即为了维护在市场中的地位，企业通过模仿并改进对手创新产品的方式，能够迅速抵制对方对自己市场的蚕食。例如，2015 年，小米推出 49 元的带 USB 的插线板，插线板按照家居饰品的要求设计外观，选用优质材，优化结构，每道工艺都用心雕琢，整体显得“简洁、精致、小巧”，产品一经推出备受消费者喜爱。这很引起插线板行业老大企业公牛的注意，为了维护行业霸主地位，作为反击，公牛模仿小米插线板，并通过材料工艺改良，很快推出了首款三口 USB 插线板，结构外形跟小米十分接近，但价格比小米便宜一块钱。公牛的模仿产品同样很快得到消费者的喜爱。

四、外包设计创新——扬长避短

外包设计是指将产品设计任务外包给其他企业或机构，这种设计创

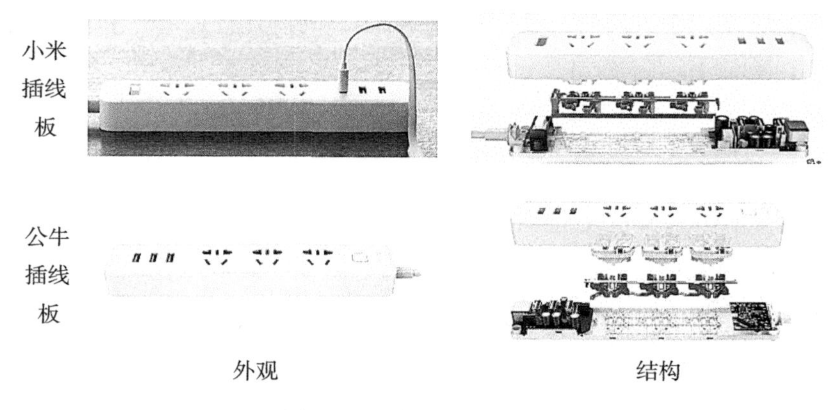

图 5-1　小米和公牛插线板

图片来源：小米官网和京东商城

新形式主要用在当企业设计资源不足或者设计任务较重时，为了扬长避短，更快实现设计成果时采用。随着企业设计创新需求的不断扩大，专业化的工业设计咨询与服务公司越来越多。由于专门或者主要业务长期集中于设计，这样的公司无论在设计资源，还是设计效率上都比普通公司具有优势。采用外包设计已经成为企业产品创新设计的常态。比如 Frog，IDEO，Designaffairs 等世界知名设计公司，苹果、三星等以科技和设计创新闻名于世的企业都给过外包设计项目。

设计咨询或服务公司有的集中于某一领域，比如意大利设计(Italdesign)、宾尼法利纳(Pininfarina)等公司主要从事汽车设计；有的属于综合性设计企业，比如 Frog，IDEO 等公司的业务接触就比较广。随着设计角色的不断演变，越来越多的设计咨询与服务公司不仅提供产品设计服务，而且能够提供从品牌设计到形象推广，从工业设计到服务设计，从具体设计服务到企业发展策略等不同层次的设计创新需求服务。企业通过需求外包设计而让产品风靡一时的案例比比皆是。共享单车是共享经济下的产物，目前许多企业在竞争这一市场，其中摩拜单车(Mobike)属于领域龙头企业之一。而了解摩拜单车的人都知道，他们的自行车是与其他共享单车相比最具有特色，许多消费者是因为喜欢上摩拜自行车而购买他们的服务的。摩拜单车的设计就是来源于专门的设计公司 Eico Design 公司。

五、借壳设计创新——借助外力

在企业经营管理中有种策略被称之为“借壳上市”，是指上市公司的母公司因为自身上市资源条件不成熟，通过将主要资产注入到上市的子公司而实现上市的现象。在设计创新方式中也存在类似现象：一些企业在设计创新能力不足和设计创新影响较弱的情况下，通过借助其他品牌企业产品形象作为过渡而实现自身设计创新形象提升的创新方式。这种设计创新方式可以称之为借壳设计创新。这种创新方式由模仿创新和合作创新演变而来，但是与后两者又有较大的不同。它与模仿创新不同之处在于能够直接利用对方的产品设计创新平台和部分资源，而与合作创新不同之处在于对方几乎不会或不用获取设计创新成果。

企业由于资源有限等原因不能通过前面四种创新方式的时候，可以考虑借壳设计创新方式。这对于初创企业或者进入新领取的企业来说不失为一种节约资源成本而且能够快速提升产品形象的方式。这种创新方式能够利用对方的品牌形象影响力，迅速提升自身产品形象。这种创新方式主要有三种途径：一是通过企业资助实现。即其他企业，特别是品牌形象价值高的企业以无偿或占有一定股权的方式提供产品设计知识，包括产品造型设计、产品结构设计等。二是通过资源互换实现。即企业通过其他优势资源出卖给对方或进行交互来获取产品设计创新知识。三是通过技术购买或企业兼并实现。即企业通过资金购买对方的设计技术或通过兼并重组的方式将对方设计创新资源全部据为己有，从而短时间内实现设计创新能力和形象的跨越式提升。

目前关于借壳设计创新的研究很少，但社会实践中企业通过借壳设计创新的案例不少。例如新能源汽车特斯拉就利用了借壳设计创新方法。特斯拉的第一款产品 Roadster 的设计创新就是借助世界著名跑车公司——莲花汽车(Lotus Cars)的Elise设计，因此其外形与Elise相似，底盘几乎是直接挪用。正是因为借助路特斯的品牌形象和产品形式，让全新诞生的品牌特斯拉直接进入时尚豪华跑车圈，赢得权贵和富豪们的青睐。

以上五种产品美学价值的设计创新主导模式对不同定位的企业会有不同选择。如果根据市场地位，把企业分为市场主导者、市场挑战者、市场跟随者和市场利益者，则市场主导者自主创新的可能性大于合作创新，而市场跟随者模仿创新可能性最大。同时在相同企业不同的发展时期，也会有不同的选择方式。如果公司发展初期资金、技术和人才储备不够，则选择模仿创新的可能性比较大，在发展期则采用合作创新的方式可能性大，而在成熟稳定期追求自主创新可能性大。五种创新方式也可能在同一企业同一时期但不同品牌产品对象上有不同的选择。品牌多元化发展企业，由于不同产品品牌的发展历程不一样，品牌在企业中的定位不一样，或者技术和人才实力不一样，选择设计创新实现方式时就会不一样。

第三节　产品美学价值的设计创新概念定位

“概念”是对特征的独特组合而形成的知识单元，也可以理解为对事物的特点及意义形成的思维结论。产品美学价值的设计创新概念可以理解为设计创新目标或结果所要表达的内涵。产品美学价值的设计创新概念定位是指企业在企业品牌战略指导下，结合目标消费群体的消费特征和需求，通过对竞争产品的深入对比分析，确定产品美学价值在消费者心中独特地位的过程。定位的目的在于塑造产品或企业的鲜明个性或特色，树立产品在市场上更加良好的形象，从而使目标市场上的消费者更容易关注和喜欢企业的产品。

一、定位主要原则

产品美学价值设计创新的定位原则是指企业在确定产品设计概念的时候需要把握的指导思想和定位指南。

（一）用户导向原则

任何品牌和产品都必须以消费者为导向，否则无法产生社会经济效益。价值是一种相互关系，只有被认可才有意义。产品美学价值的设计创新是针对市场或者目标用户的创新创造活动，因此只有以用户为中心的定位才能创造出有价值的创新成果。在“人人都是设计师”的时代，在设计创新活动中用户的参与及其意见非常关键。我们也要注意到以用户为导向，并不是指让用户指导设计创新活动，否则设计创新活动就失去了专业性。

（二）“契合”品牌形象原则

产品美学价值的设计创新针对的是产品，而产品是企业品牌形象最核心的载体。根据实际经验，越是知名的品牌越是重视产品美学价值的设计创新，产品美学价值已经成为品牌形象不可分割的一部分。品牌企业也越来越注重品牌产品设计的规范性、一致性和创新性。因此符合品牌形象概念，甚至提升品牌形象是产品美学价值的设计创新概念定位必须坚守的原则。产品设计创新是为了企业的进一步发展，每一次设计创新也必然需要从企业战略和企业品牌形象层面进行思考。从企业战略上来看，为了发展的需要，企业可能采取多元发展，构建多元品牌，比如宝洁、大众等大型集团公司拥有多个品牌，不同的品牌具有不同产品特征和目标市场。

（三）可行性原则

产品设计概念定位决定的是产品设计创新的方向和目标，一旦确定就需要组织相关的资源实施。一般来讲，一个好的设计概念能让产品的美学价值更高，更能显示产品的档次，从而为企业创造更大的利润。有好的设计创新概念，在现有技术和资源条件下企业不一定能够实现或者根本就不能实现。即使实现了设计创新概念，由于时代观念和社会整体审美素质的局限性，不一定被时代接受。因此，对设计创新概念进行定位的时候需要考虑人力、物力和财力等资源的投入，需要从市场可行性、经济可行性和技术可行性等多方面进行考虑。

（四）动态调整原则

随着时代观念的变化和技术创新的变革，市场需求会不断发生变化。即使在同一时期，由于竞争对手产品不断更新换代，新进入者不断涌入，替补性产品不断出现等多重原因，都会导致产品在市场中的需求变化。如果因为产品设计或生产质量导致产品出现问题，企业还必须做出新的应对措施。比如苹果 iPhone 4 因为追求产品整体高端大气的美学效果，导致手机容易出现信号接收问题。一向态度强势的苹果公司不得不低头认错拿出补救措施，并且在后续产品中改进了手机设计。产品的设计创新不能以静态思维进行定位，而要根据市场和消费趋势的变化，结合产品生命周期做出有效定位。

二、定位主要方法

产品是丰富多样的，消费者的消费需求也是多样的。产品设计创新概念的定位需要根据内部具体经营情况和外部市场需求进行分析判断。一般来讲大致可以分为以下几种方法。

（一）根据目标用户需求定位

目标用户，即产品设计创新的使用者，在营销学上也称为细分市场。想要了解目标用户的需求，首先需要根据一定的方法选定能够代表目标用户的群体。消费群体一般是按照人口统计特征来区分，即年龄、性别、所在区域、经济水平等来划分。但这种方式存在明显的不足，即使是同一年龄阶段的人群在消费观念和经济水平上也会存在巨大差异。为了更好地细分用户群，我们可以借鉴 Joseph Wisenblit 提出的市场细分模型，即基于消费者的特征和具体消费行为以及事实和认知特征两组标准来划分市场。根据这两组标准，可以对市场群体从四个维度进行分析(如表 5-1)。

表 5-1 **市场细分依据**

	基于消费者	具体消费
事实	以观察为依据的消费者特征 · 人口统计特征：年龄、性别、收入、教育程度等 · 地理位置、区域等 (A)	使用和购买行为 · 使用频率 · 使用情景 · 品牌忠诚度(行为) · 心理特征(事实行为)、习惯 (B)
认知	个性、生活方式、社会文化价值观 · 个性特征 · 生活方式、心理特征 · 社会文化价值和信仰 (C)	关于产品的态度和偏好 · 想要的利益 · 介入程度 · 选择产品的意识 · 品牌忠诚度(感知承诺和关系水平) (D)

表格来源：希夫曼等(2011)

以上四个象限不是割裂存在的，实际上的细分人群至少包含了以上四个维度中的两个。如果首先以事实中的年龄为依据的话，比如选择青年人群，由于青年人群同样是一个庞大的群体，所以就需要进一步确定认知中个性或具体消费中的使用频率等其他维度以进一步明确，即选择

AB、AC、AD、ABC或ABCD的某一类人群。

确定目标人群以后，就需要选择具有代表性的潜在消费者开展调查研究来了解目标群体的真实需求。这是一项归纳目标用户显性知识，同时挖掘用户隐性知识的过程。这就需要采取一定的定性或定量的方法开展设计调查研究。设计调查的方法有很多，比如问卷调查、用户访谈、用户观察、焦点小组、讲故事、群体文化学、感性意象、实验测试等。设计师可以根据实际情况选择其中一种或几种方法开展研究，随后提炼出目标用户的需求，继而定位产品设计创新的概念。

（二）根据产品理念定位

产品理念是企业产品的价值主张，也是产品创新的宗旨。产品美学价值的设计创新概念既要体现企业的品牌形象也要维护和提升产品理念。

如果以价格和质量为标准的话可以将商品划分为高、中、低三个档次的产品。俗话说“好马配好鞍”，针对高档产品自然需要高雅和追求细节完美的设计创新。比如汽车中的贵族——劳斯莱斯汽车追求“将最好变得更好”，这是品牌创始人亨利·莱斯爵士的理念。作为汽车设计总监的贾尔斯·泰勒带领他的团队凭借完美设计一直践行着创始人的产品理念。而OPPO手机追求“至美，所品不凡”，因此在设计上追求极致，表现出对美和艺术的追求。

如果从风格上来看，产品可能追求功能效率至上，抑或情感趣味至上。不同的产品理念诞生不同的产品设计创新概念。比如保时捷汽车作为豪华跑车的代表之一，追求功能至上，因此设计理念是形式追随功能。特斯拉Model S追求的是效率，要求汽车就像一位集优雅体形和出色性能于一身的世界级运动员，于是设计上多采用流畅而性感的线条。小米手机追求的是高性价比，产品创新重点考虑的是高性能好的功能，工业设计是次要考虑，因此他们的产品设计风格不求最完美，体现简约内敛就行。而意大利著名产品设计公司阿莱西的理念是“让日用品艺术化、情感化，让艺术品实用化”①，因此在美学设计上讲究的是趣味性和艺术性。

（三）借鉴标杆定位

借鉴标杆企业的设计创新概念可以让新企业快速而又低成本地融入时代主流的设计风格当中，减少研究摸索的时间和长期大量的研发投入。这对于中小企业来说是一条设计创新的捷径。但这种设计创新概念定位方法存在两大风险：一是短期内追求急功近利可能会侵犯到对方的知识产权；二是长此以往的话容易丧失品牌形象和创新能力，只能永远跟着创新企业跑。因此这种定位方法需要企业慎重考虑。借鉴标杆企业定位至少要注意两点：一是在设计创新形式上尽量撇开借鉴对象的影子，二是在产品创新上拥有自己独特的技术。这样才能够形成自己的产品风格，以利于可持续竞争。

苹果 iPhone 被称为具有划时代意义的产品，是科技和工业设计的完美结合物，是时尚科技的代表。它的设计风格和形式早已被称为全球设计的典范，成为无数企业设计创新概念的源泉。而对产品设计有过深入了解的人可能会知道，苹果公司很多产品设计的风格跟德国博朗公司的风格有些类似。这是因为苹果很多产品的美学设计创新概念来源于该公司。博朗公司的核心设计师迪特·拉姆斯（Dieter Rams）是 20 世纪最具影响力的工业设计师之一，他提出的“设计十诫”已经成为无数设计者的设计原则。他在博朗公司设计的产品也是其他公司竞相模仿的对象，许多产品虽然过去半个世纪，却依然让人觉得漂亮和时尚。

---

① 崔译文．论阿莱西产品设计的情感表达[J]．工业设计，2015(12)：73-73.

第四节　产品美学价值的设计创新切入模式定位

一、产品美学价值的设计创新路径模型

企业进行设计创新的目的可能有多种，但最终都要面对市场和消费者。所以从设计目标来看设计创新只针对两种情况：现有市场和新市场。而从产品本身来看，设计创新也只针对两类：新产品和现有产品。不管是新产品设计还是现有产品的创新，设计创新都是为了产品渗透市场，想要被更多的消费者接受。针对新市场，现有产品要不断拓展新的市场，或者开发多样化产品以符合更多消费者需求；针对现有市场，可以通过营销增加消费者的购买量或开发新产品给消费者以提高市场占有率。根据这四个因素，可以绘制出产品设计创新的机会矩阵如表5-2，企业需要根据机会矩阵制定更细化的产品创新策略。

表5-2　　**产品的机会矩阵①**

	现有产品	新产品
现有市场	市场渗透	产品开发
新市场	市场开发	多元化

表格来源：Ansoff(1957)

围绕产品美学价值的三个设计创新内容，如果以三个维度为轴，可以构建产品美学价值的设计创新路径模型(如图5-2)。针对现有产品的价值提升，可以对某一设计维度或多设计维度进行创新，按照统计概率

① 转引自：[美]格伦·厄本(Glen L. Urban)，[美]约翰·豪泽(John R. Hauser). 新产品的设计与营销[M]. 韩冀东，译. 北京：华夏出版社，2002：25.

计算可以实现 $C_3^1+C_3^2+C_3^3=7$ 种组合创新方式。针对创新产品的发展路径，按照三个维度的不同选择和排列顺序可以实行多种情况的理论发展路径。

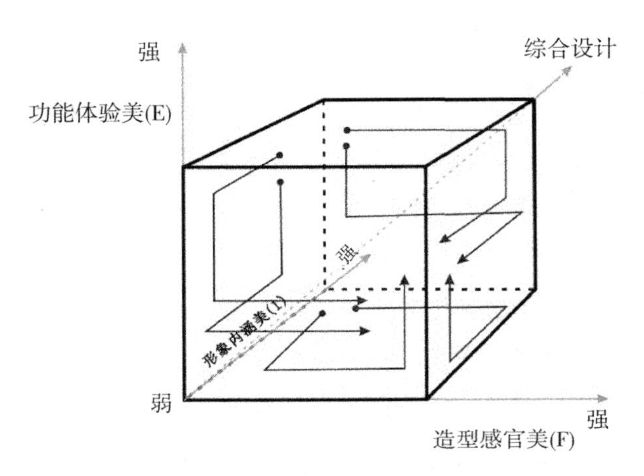

图 5-2　产品美学价值的设计创新路径模型

图片来源：作者绘制

二、现有产品美学价值的设计创新模式

价值提升路径是指针对现有产品，从产品美学价值的设计维度出发，选取某项或多项维度进行创新。由于每一个设计维度创新的点有许多，即使在单一维度下企业也可以选择单点或多点创新。企业通过不断地设计创新在可以增强产品生命力的同时，可以为新产品的开发赢得时间和资金，而且以此可以向外界传达出企业重视创新，重视产品品位的态度和能力，从而树立良好的品牌形象。例如斯沃琪（Swatch）公司通过持续的创新，已经让人们觉得手表不再只是一种奢侈品和计时工具，更是一种“戴在手腕上的时装”；阿莱西(Alessi)通过持续的设计创新，已经把实用主义产品转化为给家庭带来全新的、多彩的、巧妙的生活感觉的用品。

（一）单一维度创新

所谓单一维度创新，是指企业根据一定目的对产品美学价值设计的造型感官、功能体验和形象内涵三个维度之一进行设计创新。一般企业会在出现以下几种情况时选择此种方式：

1. 产品某一维度为美学价值短板时。短板效应会制约企业的发展，如果企业产品设计的三个维度中某一点与竞争产品相比较明显较弱或者与时代潮流相比落后时，产品竞争力必然会大打折扣。因此，进行有针对性的创新设计必然成为企业弥补劣势的措施。

2. 产品某一维度受潮流文化影响较深时。在商业利益驱动和市场竞争压力下，“有计划的废止制”仍然为大部分企业的商业模式。每年或每季的各类新品发布会，都有许多企业以多彩绚丽的形式推陈出新，不断地创造新的流行文化。这种情况在以服饰、鞋帽行业为代表的流行文化产品中尤为常见。

3. 在产品特殊阶段时。绝大部分的产品都会遵循一定的生命周期。但产品处于不同发展周阶段时，产品创新的重点会有所不同。当产品已进入成熟期，面临技术发展瓶颈时，进行造型感官维的创新是比较合适的选择。

4. 对特殊产品进行创新时。比如对宗教文化产品进行设计创新的自由度就有限。如果对其进行过多的设计创新，反而会导致产品设计失败，甚至引起争议和冲突。例如手摇转经筒（手摇玛尼轮）（如图 5-3），虽然对其进行功能体验和形象内涵创新的可能性极小，但是对其形态、色彩、图案等造型感官美的创新形式可以多样。

（二）多维度创新

所谓多维度创新，是指企业根据目标对产品造型感官、功能体验和形象内涵三个维度中的两个或全部进行设计创新。它主要有以下两种原因：

图 5-3　手持转经筒

图片来源：京东商城

1. 全方位创新增强竞争力。无论是潮流的变化还是竞争的压力，一直促使着企业不断进行产品创新。创造颠覆性产品一直是大多数企业在激烈的商业竞争中需求异军突起的创新方式，也是许多企业的创新口号。尽管出现颠覆性创新产品的可能性很小，但许多企业会通过多维创新努力让产品被更多的消费者喜爱。

2. 维度之间关联互动。这主要表现为当改变产品某一设计维度时，另一设计维度将伴随改变。比如，功能改变决定造型改变。同时，由于功能和造型的彻底改变引起产品对用户价值意义的改变。无风叶风扇本是英国人詹姆斯·戴森(James Dyson)发明的，这款新发明比普遍电风扇降低了三分之一的能耗。由于工作原理跟传统电风扇不一样，虽然与传统电风扇的功能一样是“吹风”，但是它的结构与造型却完全与传统电风扇不同：没有叶片和网格罩，风从环形外框的“细隙”中出来，这样的设计相比传统电风扇更安全、更节能、更环保。

反过来造型结构的改变也可能决定功能体验的改变。比如宜家PS 2014吊灯，全灯主要由灯泡、收缩机构和壳片三个部分组成，通过拉动灯绳可以改变灯的形状，在形状改变的同时，灯光的亮度也随之发生变化。当叶片闭合时，只有小部分光从外壳缝隙中透出，灯光氛围显得恬静优雅；而当叶片完全打开时，灯光就会明亮耀眼，在墙上也会产

传统电风扇　　　　戴森 (dyson)　台式无叶电风扇

图 5-4　传统电扇与戴森电扇

图片来源：京东商城

生有趣的光影效果(如图 5-5)。

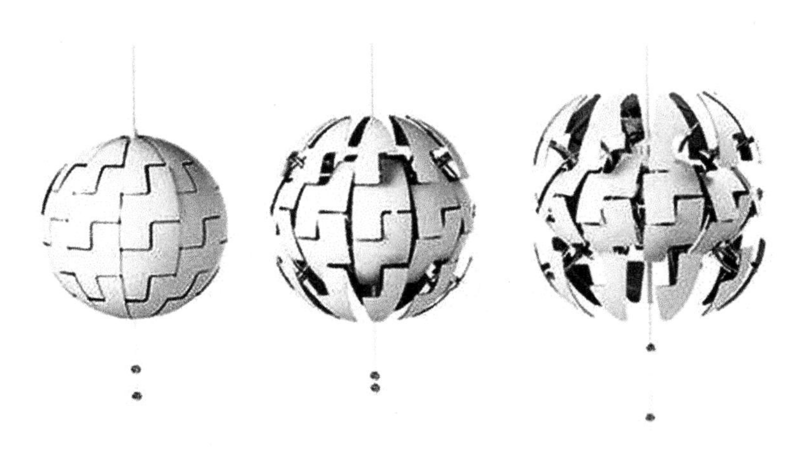

图 5-5　宜家 PS 2014 吊灯

图片来源：网易家居

(三)不同程度的创新

对产品美学价值的设计维度进行创新时，必然引起一定的成本变动。如果将产品美学价值设计维度的变化带来的效应称之为功能，则根据价值工程公式原理：V＝F/C，在对美学价值进行设计创新时，就会形成提升、不变和下降三种价值结果。企业可以通过设计手段对产品形象内涵、功能体验或造型感官三维中的一维或多维进行创新，不同的创新维度和创新程度带来的成本变化会不一样，因此，在对产品美学价值进行提升时，需要注意权衡功能提升与相应成本之间的比值(表 5-3)。如果通过设计创新不但没有让产品价值提升，反而导致产品价值降低，就会产生让企业难以接受的结果。

表 5-3　　　　　　　**产品美学价值提升的变化可能性**

<table>
<tr><th>审美功能(F)</th><th>成本(C)变动性</th><th>价值(V＝F/C)变动性</th><th>选择原则</th></tr>
<tr><td>I+E+F↑</td><td rowspan="7">C↑
C—
C↓</td><td rowspan="7">>1 则 V↑
＝1 则 V—
<1 则 V↓</td><td rowspan="7">选择大于 1 或等于 1 的方式</td></tr>
<tr><td>I+E↑+F</td></tr>
<tr><td>I↑+E+F</td></tr>
<tr><td>I+E↑+F↑</td></tr>
<tr><td>I↑+E+F↑</td></tr>
<tr><td>I↑+E↑+F</td></tr>
<tr><td>I↑+E↑+F↑</td></tr>
</table>

说明：I 代表形象内涵，E 代表功能体验，F 代表造型感官

三、新开发产品美学价值的设计创新模式

所谓新产品可以从两个方面进行界定：一是针对市场而言，是指在现有一定区域市场中没有出现过的产品，比如在美国销售产品进入中国后对于中国市场而言是新产品；二是针对产品本身而言，是指在形式和功能等某一方面有变化和更新的产品。一般来讲企业开发新产品进入市场，必定在产品本身上与竞争者具有一定差异。从产品美学价值的角度看，即在产品造型感官、功能体验、形象内涵三个维度之一的某一个点

或多个点存在与竞争对手的不同，否则不但毫无竞争力，甚至构成知识产权侵害。

（一）形象内涵更新切入

新形象切入是指在基本不变产品造型和功能体验的情况下，通过对市场现有产品赋予全新的形象内涵的方式创造新产品。许多企业在推出全新产品的时候往往都会宣称将会给消费者带来新的价值意义，这其实就是一种期望通过形象内涵创新让市场接受的方式。

同时，形象内涵是一种包含文化的无形价值，因此这种切入方式常被应用于具有承载文化价值功能的产品当中。比如，在2014年南京青奥会期间，东南大学王廷信教授设计的官方礼品——“茉莉香扇”（如图5-6），就是在没有改变扇子造型和功能的情况下，通过形象内涵的创新而获得成功的新产品代表。该扇子运用茉莉花、雨花石、南京城标等一系列承载南京文化的元素，还有著名画家的画作，知名演员的代言以及“扇者善也”的价值观念将扇子形象内涵美发挥到极致，从而获得官方和市场的好评。

（二）造型感官美化切入

造型美化切入是指针对市场现有有关产品进行“造型感官美”的创新设计，以全新的形态打入市场，以期在不改变产品功能体验的情况下赢得消费者认可。由于优美的造型可以让人们改变对原有产品的设计印象，此种切入方式也可能会带来产品形象内涵的改变从而吸引许多消费者的喜爱。此种切入模式常见于两种情况：一是靠模仿创新生存的企业。比如市场跟随者，特别是小微企业，为了分得一定产品市场，模仿标杆企业产品设计是他们常用的手段。因为自身产品在技术和形象吸引力上一般都难以超过对手，通过模仿和改造标杆产品的造型自然成为这些企业设计新产品的首选方式。二是在产业技术成熟期。因为产品功能体验和形象内涵难以突破，全新的造型感官设计自然成为企业开发新产

图 5-6　茉莉香扇海报及文化元素

图片来源：北方人的博客

品的手段。

(三)功能体验优化切入

功能优化切入是指通过改善市场已有产品的功能体验来创新产品。改善功能体验不一定需要新的科学技术。在相同科学技术下，针对目标消费者，通过更合理的产品交互方式，可以改变消费者对相同产品的功能体验。2007 年，从没有设计生产过手机的苹果就是通过 iPhone 全新的功能体验设计赢得市场，并最终打败手机霸主诺基亚而成为新的手机行业领导者。

(四)综合创新切入

综合创新切入是指从产品三个创新维度出发，综合进行设计创新。一般分为主动综合创新和被动综合创新设计。主动综合创新是指企业有明确的创新战略选择，严格按照既有设计目标进行综合创新。被动综合设计创新是指在创新过程中由于某种因素阻碍或者又有新发现而进行的综合创新。综合设计创新能够更全面地增强产品的竞争力，是一般企业重大产品创新的策略，也是突破式创新的基本特征。一般来讲，当产品的造型感官和功能体验都达到极致时，也意味着产品对消费者有着全新的价值和意义。

根据以上论述，可以得到产品美学价值设计创新的 26 条主要路径，如表 5-4。

表 5-4　　产品美学价值的设计创新切入路径

针对对象	创新方式	创新路径	核心内容
现有产品	产品美学价值的提升（7 种）	I+E+F↑	造型魅力提升
		I+E↑+F	功能体验提升
		I↑+E+F	形象内涵提升
		I+E↑+F↑	功能体验和造型魅力提升
		I↑+E+F↑	形象内涵和造型魅力提升
		I↑+E↑+F	形象内涵和功能体验提升
		I↑+E ↑+F ↑	全方位提升
新产品	形象更新切入（5 种）	I→ F	以更新产品形象内涵主导设计创新
		I→ F → E	
		I→ E → F	
		I→ E	
		I→ F+E	
	功能优化切入（5 种）	E→ F	以功能体验改变主导设计创新
		E→ I	
		E→ F → I	
		E→ I → F	
		E→ I+F	

续表

针对对象	创新方式	创新路径	核心内容
新产品	造型美化切入（5种）	F→ I	以造型改变主导设计创新
		F→ E	
		F→ I → E	
		F→ E → I	
		F→ E+I	
	综合优化切入（4种）	I+E→ F	综合创新
		I+F→ E	
		E+F→ I	
		I+E+F	

表格来源：作者编制

说明：I 代表形象内涵，E 代表功能体验，F 代表造型感官

第六章　产品美学价值的设计创新运转过程

产品美学价值的设计创新是产品创新工程中的一项系统性环节，它虽然具有一定的独立性，但与产品其他创新环节密不可分。因此它的运转必然要具备和牵涉诸多因素，对其中关键环节和因素的把握是保障运转过程顺利的关键。围绕产品的造型感官美、功能体验美和形象内涵美，产品的设计创新牵涉哪些关键因素以及它们的关系如何，需要在前文所述创新原理的基础上进行进一步分析和阐述。

第一节　运转过程的系统模型

产品美学价值的设计创新从整体上来看，对企业而言无疑是一个投入产出的过程。产出是企业创新和研发的目标也是创新和研发的基本动力。投入是关键，投入与产出在创新活动中互为因果，并且相互影响。投入决定产出是因为“以创新为本质的设计行为是贯穿于产品设计、生产、包装、推广等过程的创新工程，在这个过程中需要投入设计资源、资金、技术等成本才能创造成功的发展模式”①。产出目标决定投入是因为不同的目标有不同的要求，所需要的投入要素和对创新的基础要求

① 叶芳．有备之险：中国中小企业的设计创新与风险[M]．南京：东南大学出版社，2016：71

会有所不同。世界著名的设计咨询与服务公司IDEO就十分强调要考虑客户(一般是企业)到底想要什么，客户能够投入多少资金，企业能用什么样的技术完成这样的目标。

设计创新自然离不开创新主体，对于产品美学价值的设计创新而言，除了需要工业设计师，其他人员也十分关键。美国著名工业设计大师德莱福斯曾强调："任何时候，设计师只能是互补，而不能取代工程师。"①苏联专家施帕拉认为在艺术设计过程中，只有艺术设计师、工程设计师、工艺师和人机工程学家与其他专家的相互了解、共同创造，才能取得真正有价值的成果。② 交互设计之父阿兰·库珀强调："工程师的专业经验、市场人员的商业涉众必须加入产品创造和开发的设计过程中。"

在产品创新过程中创新主导驱动力不同，创新的方式和过程就会不同。无论是由于专业领域知识的专业性还是部门分工的独特性，都会导致产品创新过程中各部门之间存在矛盾分歧，如果没有协调机制或者主导者，创新活动很难获得成功。产品美学价值代表着企业的美学追求和对产品品质的要求，因此企业领导者的审美品位及企业创新文化对产品美学价值的设计创新起着极其重要的作用。

亚里士多德也曾说过："任何事物离不开质料因、形式因、动力因和目的因。"从创新活动的角度来看，质料因代表创新投入要素，形式因代表创新内容，动力因代表创新驱动力，目的因代表创新目标。结合产品美学价值的设计创新维度，**产品美学价值的设计创新运转过程离不开企业的创新驱动力、投入要素、创新主体、创新内容和创新产出目标。**

结合一般设计创新的流程和创新要素之间的相互影响，在此将产品

① [美]德莱福斯(Dreyfuss H.). 为人的设计[M]. 陈雪晴，于晓红，译. 南京：译林出版社，2012：41.

② [苏]П. Е. 施帕拉. 技术美学和艺术设计基础[M]. 李荫成，译. 北京：机械工业出版社，1986：172.

美学价值的设计创新运转过程概括为：企业在领导者主导的创新驱动力作用下，通过人才、资金、技术等要素投入和整合外部优势资源，以工业设计、工程技术和市场营销等创新主体围绕造型感官设计、功能体验设计、形象内涵设计等内容进行创新，最终实现造型感官更美、功能体验更优、形象内涵更佳等某一方面或多方面的新美产品，以创造优质品牌赢得更多消费者的青睐，甚至在行业内成为产品美学价值设计创新的典范(如图 6-1)。

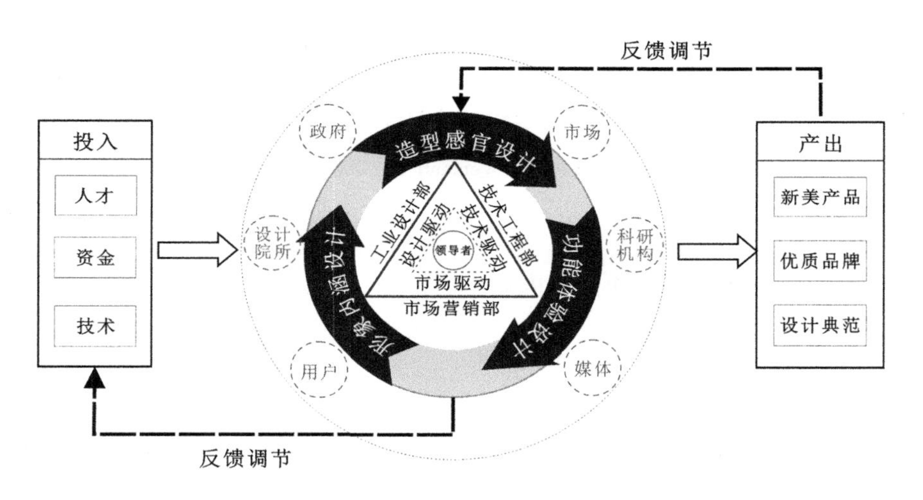

图 6-1 产品美学价值的设计创新运转模型

图片来源：作者绘制

第二节 设计创新运转驱动力

创新的类型从不同的角度有不同的分类，根据创新的动力来源，一直以两种创新方式为主导：一是技术创新，即借助技术突破实现产品性能突破；二是借助市场分析方法，创造更让消费者满意的产品。随着时代的发展和设计实践能力的不断提升，2003 年意大利学者 Roberto

Verganti 在分析多家公司成功的经验基础上，经过总结提炼正式提出“设计驱动式创新”理论。该理论提出后得到国际众多学者的呼应，创新领域逐渐形成“技术驱动型、市场驱动创新和设计驱动创新”三大创新鼎足之势。(如图 6-2)

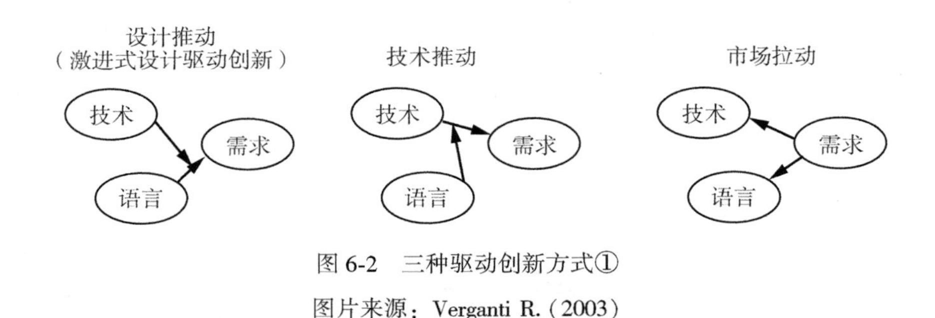

图 6-2　三种驱动创新方式①

图片来源：Verganti R.(2003)

一、三种创新驱动力的内涵

(1)技术驱动创新的内涵

科学技术一直是人类文明进步的重要驱动力，也是产品创新中不可缺少的条件。邓小平同志曾明确提出：“科学技术是第一生产力。”技术驱动创新是凡纳瓦·布什“技术推进论”思想的表现，这种理论思想认为具有一定实用价值的科学技术运用到产品创新中后，产品一旦投入市场就会产生一定的商业价值。② 所以，技术驱动创新是以新技术的开发和原有技术的应用、转化为主导的创新，技术驱动创新产品的核心价值在于创新技术及其带来的产品功能创新和改进。在这类产品的开发过程中，技术和工程的要求是主导意见，产品美学价值在形式上表现为重在

① Verganti R. Design as Brokering of Languages: Innovation Strategies in Italian Firms[J]. Design Management Journal, 2003, 14(3): 34-42.

② 马勇．产品创新的市场拉动与技术驱动战略[J]．商业时代，2007(4)：27-28.

对核心技术的包装，通过外观和交互模式传达产品科技的魅力。

技术创新是典型的原始创新，不仅可以是递增式的阶段性改变，也可以出现颠覆传统的改变。然而产品成功的关键不一定在技术方面，而在物与使用者内心和情感非常一致，即消费者在乎的不是功能，是功能给人的体验。斯坦福大学教授谢德荪将创新分为科学创新和商业创新。科学创新也称为“始创新”，包括新科学理论、新产品、新技术等。他认为始创新本身没有价值，它的价值在于人们如何使用它。虚拟键盘其实并不是苹果的首创，微软、Palm 等公司很早就有了全触屏的相关技术，但是由于在功能体验上设计不足，没有打开销路。苹果公司 iPhone 却通过精湛的交互设计和多功能体验，利用触屏、触控技术给用户带来更简洁更舒适的操控体验。只需要“手指轻轻一点一划”，手机就能完成指令操作，而且步骤简单，反应灵敏。

(2)市场驱动创新的内涵

市场驱动创新的思想来源于“需求中心论”。该理论源于 20 世纪 30 年代凯恩斯的“需求中心论”，即需求能够创造自己的供给，它与早期萨伊提出的供给创造需求理论相反。供给创造需求理论在计划经济时代或者物质生产较为匮乏的时代也许被广泛认可，但是在当今物质生产较为丰富，企业竞争如此激烈的时代，显然不能成为政府和企业主导思想。需求创造供给理论可以简单理解为如果新产品按照用户需求进行研发设计，那么投入市场后就会自动吸引和形成市场客户群。

市场驱动创新的动力核心是消费者的真实需求，其核心思想是以用户为中心，通过调研和信息搜集获取市场消费需求再以此改进产品或研发新产品。市场驱动型产品也被称为顾客驱动型产品，其核心竞争优势并不在于产品技术本身，而是满足消费期望。设计创新的作用大于技术创新的作用，对产品人性化和美学性的设计是产品获取价值的核心能力，“用户就是上帝”是市场驱动创新的价值理念。比如，索尼 Walkman 随身听的发明就是索尼为满足年轻人对音乐产品随身携带的需求而开发的产品。

由于社会发展趋势的变动性和用户真正消费需求的难以表达性，造成市场驱动创新也存在一定的局限性。著名营销大师科特勒曾提出："企业产品创新应源于市场，但企业绝对不应成为市场的奴隶。"①企业不仅需要了解市场潮流和当前消费需求，更需要思考如何引领潮流和带领产业的发展，即寻求产品突破性创新。对于如何寻求突破性创新产品的机遇，乔纳森·恰安和克雷格·沃格尔提出了 SET 因素分析模型(如图 6-3)，即产品的研发需要着眼于"社会—经济—技术"三者的发展变化趋势才能发现产品机会缺口。缺口即意味着当前产品与社会、经济和技术发展趋势不匹配，企业填补缺口不仅顺应了时代发展，更能满足顾客和消费者的期望，甚至给他们创造惊喜。

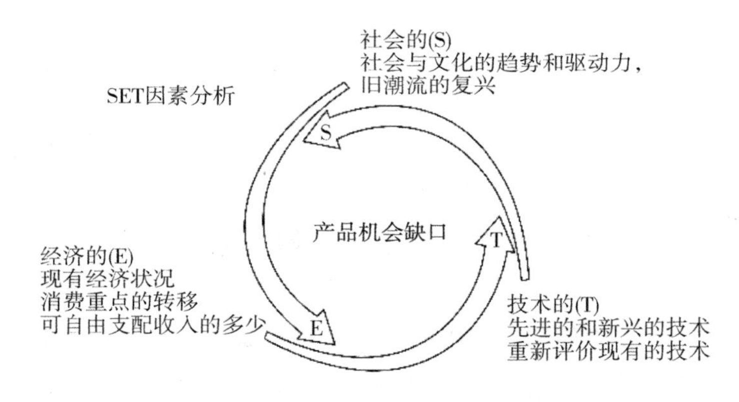

图 6-3　SET 因素分析

图片来源：[美]恰安和沃格尔(2003)

(3)设计驱动创新的内涵

设计驱动创新是指针对目标消费者，在技术和调研的基础上对商品赋予全新内在意义。它是一种以深厚的研究为基础的系统工程，要求企业更多地参与产品内在意义的改造，并且有能力建立与维护企业内部与

① Kumar N., Scheer L., Kotler P. From Market Driven to Market Driving[J]. European Management Journal, 2000, 18(2): 129-142.

外部的关系网。一般设计程序包含诠释、倾听、创新以及推广四大环节。对产品内在意义的改变是设计驱动式创新的核心。这种创新既可以呈现出边缘性的创新，也可以爆发出与技术创新一样效果的颠覆式巨变。比如，在便携式音频播放器相关产品当中，苹果公司并不是音乐播放器的先导者，但是 iPod 通过对功能与形式意义的全新改变，即支持用户个性化制作音乐，并配以全新操作体验和造型感官设计，让普通的音乐播放器成了具有颠覆性意义的创新产品，并迅速成为行业领导者，加强和提升了公司整体的创新品牌形象。（如图 6-4）

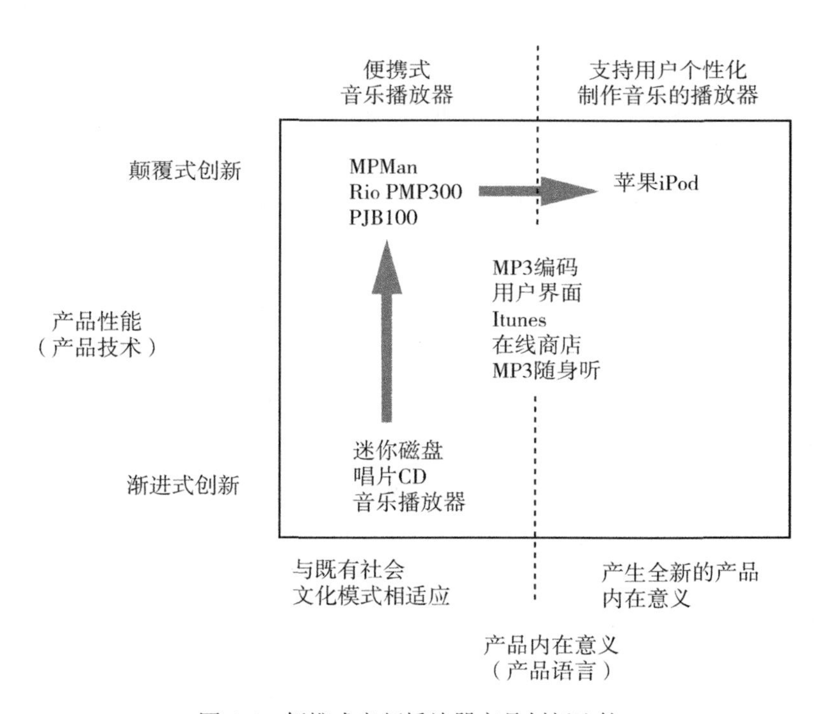

图 6-4　便携式音频播放器产品创新比较

图片来源：罗伯托·维甘提(2013)

由于创新驱动的动力来源不同，其驱动的主导主体自然也不相同。技术驱动创新的主导者是科学技术人员，追求的是产品技术和功能的突破式创新；市场驱动创新的主导者是消费者，立足于适应现有社会消费观念和消费模式；设计驱动式创新的主导者一般为工业设计师，追求通过平衡技术与消费趋势，针对目标用户赋予产品全新意义(如图 6-5)。设计驱动创新与市场驱动创新和技术推动创新相比的优势在于充分发挥设计师的“设计”专业能力和设计思维优势，更能够创造具有前沿性创新产品。在该创新驱动模式下，设计成为企业研发的主导战略思维，企业将技术与用户体验结合，围绕全新意义，通过形态、功能、界面和交互方式的创新研发产品，从而以独特的品位赢得市场。

在设计驱动式创新中，一般由设计师主导完成产品研发设计和生产，但是这并不是意味着整个产品的研发设计由设计师个人或者一个部门就能独立完成，它依然需要企业内部和外部部门及机构的协作。Roberto Verganti 认为企业需要通过与艺术家、设计师、教育研究者等外部“诠释者”不断进行设计对话才能获取和传播新产品语言(意义)。

结合典型企业的表现，设计驱动创新与技术驱动创新和市场驱动创新相比，主要有以下两点特征：

1. 设计主导，工程配合。苹果公司的理念就是“了不起的设计能够激发工程师做出超人的壮举”①。设计师艾弗和总裁乔布斯总会逼迫工程师努力尝试做到各种高难度的设计工程。当工程师提出的一些建议，哪怕是科学合理的，如果影响产品整体性和美观性也会被拒绝。20 世纪 90 年代中期以后苹果走向衰落，1998 年的 iMac，2001 年的 iPod，2002 年的 iMac G4 等产品的设计创新不仅解救了苹果，同时也证明了设计创新的力量和苹果的设计创新能力。

2. 企业主导，消费者配合。由于消费者缺少产品专业领域相关知识，对产品的发展趋势不会做太多思考，这就决定了企业在对产品设计，特别是创新性极强的产品设计进行决策。从苹果的发展历程来看，乔布斯从不做市场调查，每一项产品从概念到设计的过程都是严格保

---

① 艾萨克森．史蒂夫·乔布斯传[M]．北京：中信出版社，2011：476.

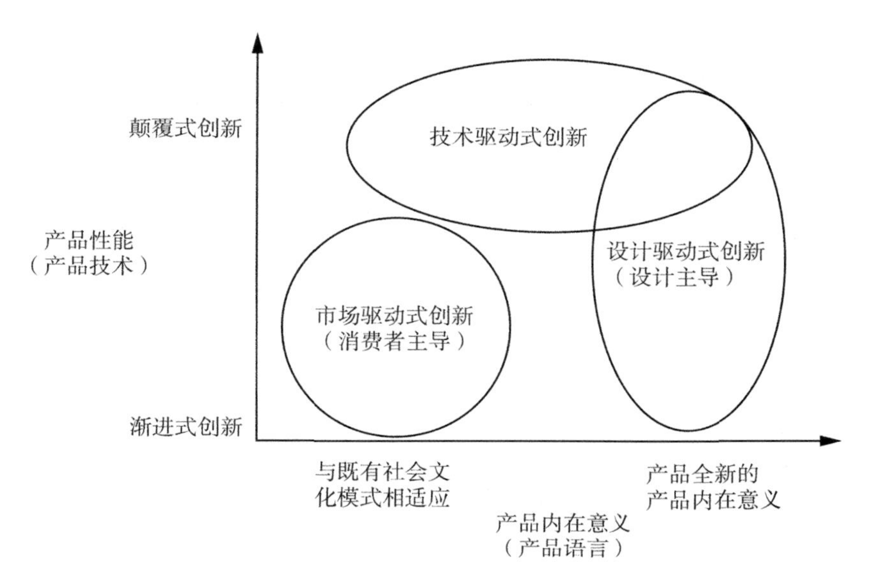

图 6-5　设计驱动式创新及三种创新比较

图片来源：罗伯托·维甘提(2013)

密。即使产品投向市场后出现消费者反映问题，也不会完全按消费者的意见直接更正。例如，苹果 iPhone 4 在设计的时候为了追求完美，用金属边框兼当天线，只在边框上留了微小的缝隙以接收信号。这样的设计在消费者使用手机时无意遮盖缝隙而造成信号接收失败，因此造成了“天线门”事件。乔布斯知道后，并没有实行产品召回，而是提出消费者可以退换或者免费使用公司提供的手机套。虽然媒体不断围绕“天线门”作文章，但最终结果只有 1.7%的人退货，不及大多数手机退货率的 1/3。

二、三种创新驱动力的关联

技术驱动创新、市场驱动创新和设计驱动创新都是产品设计创新的驱动方式，虽然三者有一定的区别，在企业创新中的地位也不一样，但是三者本质相同，在产品创新过程中相互影响、相互制约(如图 6-6)。

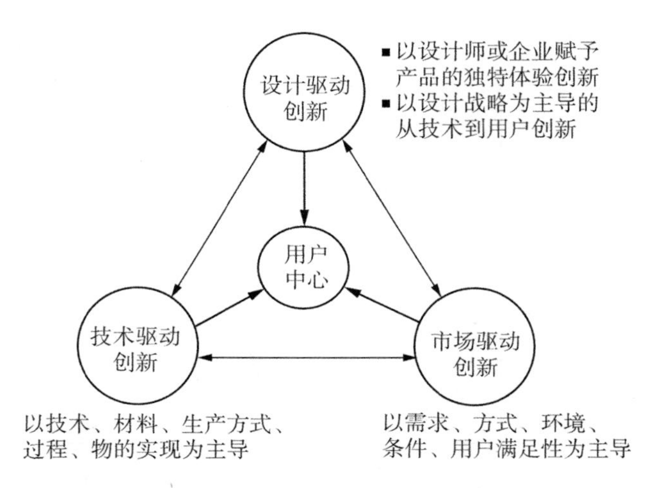

图 6-6　三种驱动创新的关联①

图片来源：作者绘制

（一）本质都是以用户为中心

产品设计的根本目的是满足人的需要，因此用户是产品设计的中心，产品设计的最终评判权也在消费者手里。无论哪种驱动力研发产品，如果不被市场认可，都将给企业带来损失。市场驱动创新的方式是直接以消费者为研究基础，但由于消费者缺少产品专业知识和市场洞察能力，往往并不能表达清楚自己究竟想要的产品，产品最终取得成功还是需要依靠企业的创新能力。技术驱动创新下的产品研发一般是对新技术、新工艺的应用，虽然消费者难以取得话语权，但是技术研发和工艺研发本身就是朝着市场需求进行的研究行为。设计驱动创新虽然是企业和设计师主导，对消费者基本不进行调研，但在产品研发之前，企业最根本的信息来源依然是市场，只是企业对自己的洞察力和创新能力表现

① 三种创新的主导内容引自：蔡军．设计导向型创新的思考［J］．装饰，2012（4）：23-26.

更为自信。

（二）主导性相互变换

三种创新驱动力都可以在一定条件下成为企业设计创新的主导作用力，这主要受领导人风格和企业基础条件决定。领导风格是影响企业管理的重要因素。由于每一位领导者都有不同的个性、经历和能力，因此会表现出不同的管理风格。苹果公司在乔布斯离开期间属于典型的技术驱动型企业，而在乔布斯重返苹果后，苹果一系列产品都以优秀的工业设计惊艳消费者，苹果公司形成典型的设计驱动型企业。不同的企业基础条件也决定了企业的创新主导力，例如科技型企业往往以技术驱动为主导创新力。当企业经营转型后，随着战略导向的作用，企业的主导创新力也会发生变化。当产品处于不同的生命周期时，主导的创新驱动力也会表现出差异。

（三）三者相互支撑

三种创新驱动力都有各自的长处，但都离不开彼此的支撑。设计驱动创新、市场驱动创新都离不开技术支撑，如果企业缺乏技术驱动创新就难以有良好的技术，为了达到设计效果就需要向外界寻求技术资源。市场驱动创新、技术驱动创新同样离不开设计驱动创新，因为缺少优秀的工业设计师，企业很难设计出让用户体验完美的产品。优秀的企业一般会以用户为中心，综合运用三种创新驱动力，创造出最具价值的产品。

三、三种创新驱动中的设计介入

产品的开发设计是一个复杂系统工程，不同企业以及不同产品的开发过程会有所不同。一般来讲，产品的开发过程可以分为规划、概念开发、系统设计、详细设计、测试与改进、试产扩量六个过程。其中概念开发包括识别需求、概念生成及选择、概念测试三个步骤。在产品开发的每一个环节当中，企业不同部门都有不同任务。大家相互配合，才能成功完成开发目标。

在技术驱动创新、市场驱动创新和设计驱动创新三种不同创新驱动机制作用下，设计的地位和发挥的价值有所不同，其介入产品开发的环节也有所不同。一般而言，在设计创新驱动力指导下，设计从规划阶段就开始参与甚至主导产品研发，而且苹果等企业的创新行为也证实了在设计创新驱动力下，产品的设计创新相对市场需求是超前的。而在市场驱动创新企业和技术驱动创新下设计介入的时间依次较晚（如图 6-7）。但这也不是绝对的情况，随着越来越多的设计师承担用户研究的责任，在市场驱动创新机制下，设计师也会在规划阶段就参与产品研发。

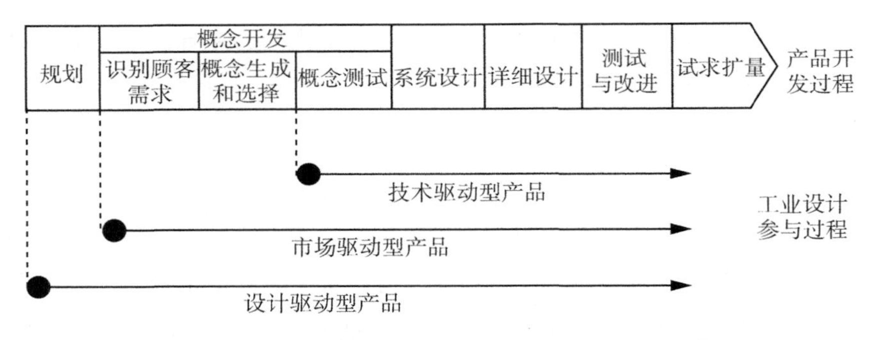

图 6-7　不同类型创新驱动力下工业设计介入时间①

图片来源：改编自［美］乌利齐，埃平格（2015）

在不同创新驱动力下，设计创新在产品开发活动的不同阶段的主动性、话语权、活跃的层面和发挥的作用会有所不同。比如，在技术创新驱动下，技术工程部及从事技术研发人员毫无疑问是规划的主导主体；在市场创新驱动下，市场营销部和承担用户研究的设计人员是规划的主导主体；在设计创新驱动下，工业设计部门将成为规划主导主体。此

① 根据此图改进：［美］乌利齐，［美］埃平格．产品设计与开发［M］．北京：机械工业出版社，2015：208（图表 11-19）.

外，在概念开发、系统设计、详细设计、测试与改进、试产扩量等其他环节，由于创新驱动机制不同，工业设计介入的时间和负责的任务都会有所不同(如表6-1)。

表6-1 工业设计在不同类型创新驱动力下所起的作用①

产品开发活动	产品创新驱动类型		
	技术驱动型	市场驱动型	设计驱动型
规划主导	技术工程部	市场营销部和设计部	工业设计部
识别顾客需求	工业设计不介入	设计师要确认顾客需求。将采取观察、交谈、调查等方式	设计师洞察与预测消费发展趋势，提出创意概念
概念生成和选择	工业设计与市场营销、工程设计相结合，开发过程中考虑人为因素和用户界面问题。安全性和维护问题非常重要	设计师根据对消费者的调查分析，生成若干产品概念	设计师与企业领导者确定概念
概念测试	设计师帮助工程师产生产品原型，把产品原型向消费者展示，以取得反馈意见	设计师通过市场营销引导消费者参与对产品原型进行的测试	工程师协助设计师完成概念产品，并在市场部的协助下进行概念展示，听取部分建议
系统设计	设计师几乎不参与	设计师选择产品概念，并对最具前景的方案进行完善	设计师在工程部配合下完善产品方案

① 根据此表改进：[美]乌利齐，[美]埃平格．产品设计与开发[M]．北京：机械工业出版社，2015：209(图表11-10)．

续表

产品开发活动	产品创新驱动类型		
	技术驱动型	市场驱动型	设计驱动型
详细设计	设计师主要负责包装设计，并受到工程设计规范和市场营销的约束	设计师选取最终的产品概念，完成相关图纸	设计师在工程部配合下完成设计规划和相关图纸
测试与改进	设计师几乎不参与	设计师与工程设计、制造商及市场营销方面的工作相结合完成开发设计	设计师主导，与工程部、制造商及市场营销部相结合完成产品开发设计

表格来源：改编自[美]乌利齐，埃平格(2015)

从产品美学价值的角度来看，设计驱动式创新无疑是产品创新最理想的模式。在这种创新模式下，由于设计师较早地参与产品创新决策，并且拥有较高地位的设计话语权，无论是对产品美学价值的战略地位还是在设计师参与创新的深度方面都有利于产品美学价值的设计创新。然而在实际当中，企业的创新驱动模式不一定是单一的，而且当企业处于不同发展阶段或者开发不同类型产品时，所采取的创新驱动模式会发生改变。所以，不管在哪种创新驱动模式下设计师都需要发挥自己最大的才能，通过与工程技术和市场营销人员多进行交流与协作为产品增加价值。

第三节　设计创新运转要素

一、创新投入

(一)人才

人才是知识的载体，是设计创新和创新管理不可缺少的根本性资源。对于设计创新管理投入要素来说，人才主要是设计师和设计管理者。人才的来源主要有引进和培训两种途径。对于改革或者说创新管理期的企业来说，人才的标准要以能否胜任企业创新发展的要求来衡量。乔布斯重返苹果公司时，苹果正处于亏损阶段，为了实现创新管理和设计理想，乔布斯不断寻找优秀设计师和设计管理人才，最后选定了公司内部的一个设计主管乔纳森·伊夫(Jonathan Ive)。正是由于有乔纳森·伊夫，才使得乔布斯许多天才的设想得以完美实现。设计师和设计管理者是设计企业或者设计驱动型企业的核心。企业上下应该对设计要充分理解、尊重和支持，同时要注意到产品美学价值的创造和实现不仅是设计部门的事情，还与市场营销部、工程技术部密不可分。

(二) 资金

越来越多的企业已经把工业设计作为企业实现利润的杠杆和建立品牌的工具，但是如果没有一定资金的投入，设计效果也难保证。产品美学价值的设计创新是智力活动，但不能脱离现实因素进行。比如设计师的工资、设计费用、研讨论证费用、模型费用、调研费用、测试费用等都需要资金。因此没有雄厚的资金就难以招聘人才和维持项目运营，设计创新的成效就更难保证。特斯拉公司于2003年成立，2007年才开始量产，直到2013年第一季度才实现净利润1120万美元。在长达10年的时间里特斯拉投入了大量的资金进行技术研发和设计制造。

(三)技术研发

技术的投入是指对产品美学价值创新有利的技术知识和技术资源，包括设计研究调查与分析技术、设计协作与协同技术、设计知识库和材料库、生产工艺技术及设备等。这些技术的投入和使用需要联合工业设计部、工程技术和市场营销部。当技术储备不足而技术投入成本又太大时，企业可以整合外部相关资源或将部分设计与生产对外承包。产品美学价值的设计创新中的技术不仅指造型、颜色、界面设计等专业技能，而且包含产品功能原理和工程技术。两方面的技术结合才能构成完整意义上的具有美学价值的产品。

二、创新主体

（一）追求完美的领导者

熊彼特界定的创新为“企业家将生产要素和生产条件进行的一种前所未有的新组合”，充分肯定了企业家是创新主体。纵观国内外知名的创新公司，企业总裁或者董事长都是极具创新精神的企业家。著名管理大师德鲁克认为创新的机遇有七个：出乎意料，不一致，程序需要，产业和市场结构改变，人口变化，认知、情绪或意义的变化和新知识。没有这些企业家对创新机遇的发掘和追求，很难想象企业会有较多的创新成果和较高的创新地位。企业领导对公司战略方向或发展路径的把握直接关系企业的生存与发展，柯达公司、摩托罗拉、诺基亚等公司正是因为在市场变革时期没有准确把握创新方向，而导致企业的破产重组或被收购。

从知名品牌产品的美学价值来看，越是品牌创新强的企业越重视产品的审美。无论是苹果的乔布斯，还是特斯拉的马斯克等，大部分把创新放在重要位置的企业领导者们对产品设计的美学要求都近乎苛刻。特斯拉的员工说马斯克“把特斯拉定义成一个以产品为先的公司。我必须把他的设想落到实处，把产品做得天衣无缝，尽善尽美”①。

企业要创新不能缺少领导的重视，更少不了专业团队。在现在越来越复杂的竞争环境下，企业家个人意志主导的创新不论是创新的能力，还是速度和效果都很难与快速发展的市场环境相匹配，因此需要创新团队的支撑。创新团队可以是某个部门，也可以是组建的团队，也可以是整个企业的核心部门。乔布斯如果离开伊夫及其设计团队和核心技术的

① ［美］阿什利·万斯．硅谷钢铁侠［M］．北京：中信出版社，2016：127.

支持，也很难产生如此优秀的设计作品。任正非提出的狼性文化的最大特征是敏锐的嗅觉，不屈不挠、奋不顾身的进攻精神和群体奋斗的意识。创新主导主体带领创新团队是企业创新最珍贵的法宝已经成为现代企业发展的共识。

(二)工业设计部

此处的工业设计部是指围绕产品进行造型设计、交互设计和视觉传达设计的联合体，在不同的企业可能会有不同的部门设置，即可能在同一部门也可能处于不同的部门。设计师是企业设计的资源，是设计活动的核心。随着经济全球化发展的加强，设计驱动已经被越来越多的公司接受。对设计部而言，理想的情况应该是企业三大创新主体在工业设计部的主导下，面向市场驱动创新，以设计驱动创新为引导，以技术驱动创新为支撑，通过相互交流与合作，共同完成产品的设计创新。苹果公司就是以设计驱动创新为主导，但设计团队与工程师、市场营销人员甚至外围制造商都有密切的接触。如何树立设计创新理念，创造设计品牌已经是大公司发展考虑的重点。IDEO 成为设计品牌企业的成功之处在于，他的理念并不是从技术和商业的角度出发，而是把设计作为一种开发以人为本的创新。IDEO 总裁 Tim Brown 提出设计思维是以人为中心的创新方法，要将用户的需求、科技的可行和商业成功的要求进行整合。苹果的乔纳森・伊夫通过对新工具、新材料、新生产工艺的不断实验，设计出了许多突破性的新产品，例如 iMac，iBook，the PowerBook G4 和 iPod MP3 Player。设计师要积极思考并勇于尝试，只有能够不断创造出新产品的设计师才是合格的设计师。

(三)技术工程部

技术工程是企业产品技术研发和设计创新实现的根本保障，虽然设计驱动创新理论兴起，文化创意产业迅速发展，但是目前技术和工程仍然被绝大多数人认可为企业创新和竞争最关键的因素，诸多企业的创立和创新就是依靠纯技术的创新。许多去全球知名创新公司的创始人和总裁都具有一定的工程技术背景，例如社交网站 Facebook 的创始人兼首席执行官扎克伯格曾在哈佛学习运算科学，特斯拉总裁马斯克曾在宾夕法尼亚大学学习物理和经济。

(四)市场营销部

一般比较成熟的公司都会有市场营销部。他们主要负责市场调研、趋势分析，并进行产品形象推广、销售策略规划和销售活动。其主要目的是弄懂目标消费者，尽最大可能创造最大顾客群。由于市场部和营销部存在一定工作内容差异，有些公司将市场部和营销部分开，但两者相辅相成。市场营销对企业品牌形象的推广、社会认知度和认可度、产品销量、服务体验起着至关重要的作用。正因为市场营销的重要性，所以不论大型企业还是小公司，都在不断挖掘市场营销人才。博柏利(Burberry)的前首席执行官 Angela Ahrendts、前 Gap 全球市场部总监 Marcela Aguila 被苹果挖走。在 Apple Watch 还未面市之前，苹果公司就从时装与奢侈品领域吸纳了一大批人才，以迅速推动该产品形象的推广和销售。前圣罗兰首席执行官保罗(Paul Deneve)被挖到 Apple 担任"特别项目"副总裁一职，普遍被认为就是为了推进 Apple Watch。

三、创新内容

(一)造型感官设计创新

造型感官设计创新主要是针对产品风格进行差异化设计。所谓产品风格是指产品设计的形态、色彩、质感、图案等造型元素与产品功能综合给人的感受。不同人群受知识阅历不同、工作要求不同和个人偏好等因素影响，而对相同的产品会选择不同的风格类型。因此企业进行产品造型感官设计时对相同功能的产品可以做出不同的产品风格，以给消费者提供更多选择。比如同样是笔记本电脑，可以通过设计形成多种风格：商务风格的，一般色调高雅、稳重、造型简洁，给人硬朗干练的感觉；时尚风格的，普遍色彩亮丽，对比强烈，造型流动夸张；科技风格的，一般针对游戏爱好者和科技迷，通过颜色的搭配、材质的运用、灯光的渲染、造型的烘托、营造一种神秘感、未来感；极简风格的，一般颜色整体控制在一个色系，造型为功能服务，绝不装饰。

（二）功能体验设计创新

从艺术设计的角度来看，功能体验设计创新重在考虑产品技术功能给人的体验感受及其带来的价值，主要有以下几种创新方式。

1. 功能优化创新。功能操作的简单化和功能组合的多样化是功能优化的主要策略。产品功能组合能够为用户带来新的体验，产品添加新功能不一定需要新技术，将其他产品技术移植是常见的功能组合方式。以手机功能发展为例，最初的手机是用来及时通讯的，后来将照相功能组合到一起，慢慢添加手写和收发邮件功能，现在已经变为网络移动终端。2005 年东菱公司根据西方人的早餐习惯，推出一款多士炉面包机。它将烤面包与煎鸡蛋两种功能组合到一起进行创新设计，受到消费者一致欢迎，实现了“1+1>2”的社会效益和经济效益。

2. 交互方式创新。利用新技术或对现有技术的重新整合，可以实现产品与产品，产品与人之间新的交互方式。比如，海信 XT770 系列智能电视与海信 iTV 可以在播放时实现影视、音乐、图片的相互传送画面。另外，语音识别技术与智能电视结合，实现了通过语音控制电视的新操作方式。比如长虹 Ciri 语音电视，用户对着电视说话，就能查找资源，打开视频网站或者搜索引擎，还能语音进行“播放”“暂停”“快进”

“退出”等操作。

3. 生活方式创新。自从苹果 iPhone 智能手机诞生之后，随着各种 App 的应用，人们的生活方式已经发生翻天覆地的变化，已经改变了大部分人原来的上网、购物、交流、娱乐、出行导航等方式。谷歌眼镜虽然遭受一定挫折，但它将设计创新的焦点引入穿戴产品领域。如今智能手环已经成为人们常用的穿戴设备，智能手环不仅可以与智能产品相连，而且还能记录使用者的日常生活和监测身体状况，比如走跑步数、睡眠时间、身体健康关键指标等数据都能及时一一反映（如图 6-8）。

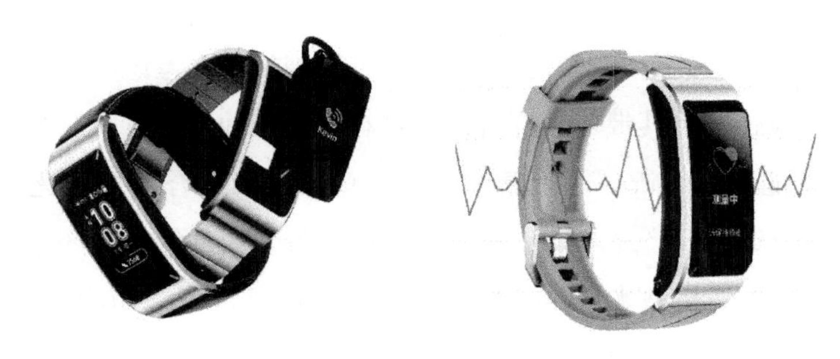

图 6-8　某智能手环及其部分功能示意图

图片来源：京东商城

（三）形象内涵设计创新

产品形象内涵的设计创新是指在产品设计理念下，进行的产品名称、产品标志、产品包装及产品基因的传承与创新等设计活动，并通过一定文化内涵的赋予，使得产品不仅“好看”“好用”，更要“好听”。“好听”是指产品设计在理念上、声誉上和品位象征上让消费者觉得更符合自己的品位。

1. 产品设计理念。产品理念指产品通过不同的价值主张，传达不同的企业理念。比如特斯拉主张清洁能源，只生产纯电动汽车。还有小米手机“为发烧而生”，只做性价比极高的产品。一个切中消费者要害的理念能够拉近与消费者的距离，从而更容易产生美感。

2. 产品延伸设计。企业形象对外表现为差异，而对内保持风格一致。产品延伸设计指包含品牌标志、产品包装和形象宣传等的设计。这些设计虽然不是产品本身的设计内容，但能够给产品带来好听的“名声”和广泛的知名度。

3. 产品的品位象征。品位象征指产品内涵所代表的文化、气质、身份等符号象征。企业通过文化内涵的重新赋予、品质提升、包装美化、寻找新的品牌形象代言人等方式改变或提升相对于目标用户的产品品位。

企业进行产品设计创新的时候可以是某一设计维度的，也可以是多维综合的。OPPO 智能手机分为 Find、N、R、A 四个系列。每个系列都有清晰的市场定位，而且每一系列在造型感官、功能体验、形象内涵等方面与竞争对手以及产品系列之间都存在差异性。R 系列主要针对消费群体为对时尚潮流有无限追求的人，主打极致纤薄设计、至美外观；Find 系列针对充满想象力和探索精神的年轻消费者，注重前沿技术的整合、极致的拍照体验、快速响应，讲究更富创意、更强性能、更高品质；N 系列专注于影像和拍照，主打创意拍照功能体验；A 系列面向大众化年轻群体，追求时尚潮流的外观设计和稳定流畅的实用体验（如表 6-2）。

四、创新产出

产品美学价值的设计创新产出，也就是设计创新所要达到的美学效果，包括创造新美产品、打造优质品牌、形成行业设计典范三个层面。

表 6-2　　**OPPO 手机四大系列产品①**

系列	定位	代表性产品			
R 系列	纤薄设计·至美外观		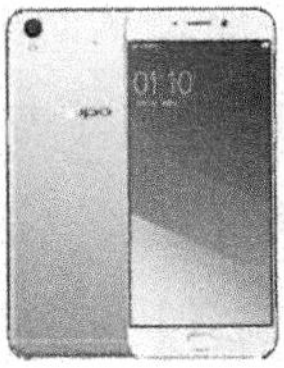	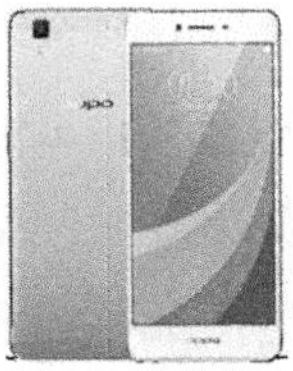	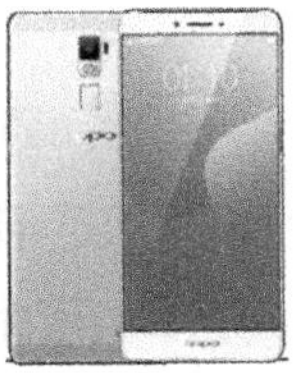
		R9 Plus	R9	R7S	R7 Plus
F 系列	先进科技·智能旗舰				
		Find 7 标准版	Find 7 轻装版	Find 7 限量版	Find 5
N 系列	旋转镜头·创意拍摄				
		N 3	N 1 Mini	N 1	
A 系列	潮流设计·实用体验		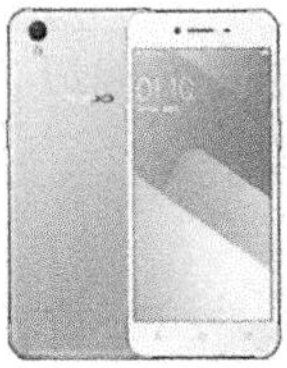	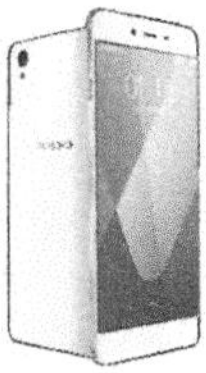	
		A59	A37	A30	A33

表格来源：作者编制

① 信息来源 OPPO 手机官网。

（一）新美产品

新美产品指具有在造型感官、功能体验、形象内涵等一方面或多方面有创新而且让人觉得更新颖和更美的产品。

1. 造型感官更美。造型感官美是设计创新的基本要求，也是一般产品设计创新的直观反应。产品造型感官更美需要市场检验。产品通过新的形态、色彩、材质、图案设计和组合，要能满足产品设计目标，对提高产品的视觉形象和销售吸引力产生一定影响。

2. 功能体验更优。产品功能体验更优是指通过设计创新，产品在功能创新、使用交互方式和人性关怀等方面与已有产品相比具有一定程度的优化，从而使消费者在产品使用过程中感觉更舒适、更流畅和更具情感化。

3. 形象内涵更佳。形象内涵更佳是指通过品牌形象系统更新、产品理念更新和产品重新定位后，有更多的消费者认识并认可产品价值。当然产品形象内涵能否被认可的主要影响因素还有产品在功能体验、造型感官方面的设计，以及产品品质保障和服务体验等方面。

（二）优质品牌

美学价值天然是优质品牌不可缺少的部分，或者说优质品牌天然具有一定的美学价值。品牌是人们对企业及其产品或服务的质量、形象、文化和价值的一种认知和信任，一般由名称、标志、符号组合而成。对于以产品为主营业务的企业来讲，优质的产品和配套的服务是品牌形成的核心要素，产品美学价值自然是需要重视的方面。在品质保障基础上，产品美学价值越高，产品形象越容易受到人们喜爱，从而更容易树立企业品牌形象。通过不断地设计创新，产品的品牌形象才能长盛不衰。

（三）形成设计典范

形成设计典范并不是产品美学价值的设计创新直接产出结果，但却是每一家设计创新企业所追求的设计理想。如果一个新产品无论造型感官、功能体验还是形象内涵都打动消费者，就基本成了设计典范。产品设计一旦成为设计创新典范，不仅能够快速拿下现有市场，而且能够引领产业的发展。苹果公司创造了一个领先行业五年的手机产品 iPhone。如果没有 iPhone 的出现，完整流畅的触屏操作体验不知何时才能普及，手机屏幕设计也不可能在如此短的时间内变得如此之大，手机行业的工业设计或许依旧五花八门。如今 iPhone 简单的操控体验，简洁到极致的外观设计被众多手机厂商模仿、借鉴。尽管智能手机现在是群雄争霸，但 iPhone 依然代表着如今手机行业的最高标准，它在硬件、软件、设计上每一步微小的创新依然是全行业学习和模仿的对象。

第四节　设计创新运转机理

一、产出牵引

所谓产出牵引是指在产出目标的导向下进行设计创新资源投入和创新活动。产品美学价值的设计创新活动首先需要确定设计创新定位，明确行动的方向，然后设定预定目标，再围绕设计目标确定具体设计创新内容，根据企业现状确定主导主体，最后主导主体组织和补充相关资源开展创新活动。企业要想有良好的产出效果，就必须要有优秀的资源投入并配合以良好的管理。

不同的产出目标会导致创新活动的资源组织方式和设计创新内容的变化。即使同样的产出目标，由于企业领导风格不同、主导创新的主体不同，也会出现创新活动的组织资源、协作方式的不同。不管过程如何，有果必有因，要想产出必须要投入是设计创新活动的基本逻辑。特斯拉企业为了创造出能替代传统汽车的新能源汽车，不断围绕创新内容进行人才、资金和技术研发的投入。

二、要素协同

产品美学价值的设计创新不能从产品创新这个整体活动中剥离，也不可能同企业条件和市场环境脱离，否则就是闭门造车。这就决定了设计创新必须要统筹协调各方面的要素。根据木桶短板原理，在因素比较多的时候，无论其他因素多么强大，产品的最终功效由其最弱的因素决定。所以产品设计创新的成功不仅依靠企业内部的设计投入、创新主体的努力，也需要整合企业内外资源，多管齐下才能增加设计创新成功的可能性。产品美学价值的设计创新从内部来看，需要创新投入要素的协同、创新主体的协同、创新内容的协同、创新产出的协同等四个方面。世界著名设计公司 IDEO 在进行产品设计创新时，经常把不同领域的专家组织起来共同工作，让建筑设计师、建筑师、平面设计师一起会见客户，发现不同领域的问题，再进行统筹规划。

从大的环境来看，企业需要内部和外部要素的协同。企业的设计创新不是孤军奋战，企业通过产品设计创新需要解决的问题同样会吸引社会各界相关利益者的关注，比如艺术家、媒体、科研机构等，这些共同利益者也被称为“诠释者”。诠释者在设计创新过程中扮演着重要的角色，它们能够影响到人们的价值取向、期望和购买欲望。

三、反馈调节

反馈调节是指要素之间由此及彼构成的“输入”与“输出”没有达到预定匹配要求时进行调整的过程。从投入资源到创新转化到产出并不是一条单一的路线。不同投入资源可能流入不同的创新主体，进而围绕不同的内容进行创新，而创新的产出结果又会反馈到前面的要素，在对资源进行整合和转化的过程中会产生一些反馈信息，同样产出的结果也是对资源整合转化以及资源投入是否合理的反映。通过对结果的考量和转化过程的监控，可以及时指导资源的投入和设计创新方法的改进。如果企业或创新主体忽视创新结果信息的反馈，则可能导致创新活动的失

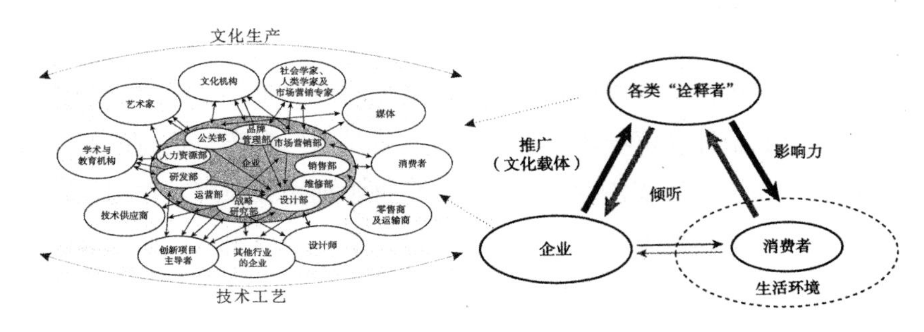

图 6-9　企业与诠释者的协同关系

图片来源：罗伯托·维甘提(2013)

败，损失大量的人力、物力和财力。

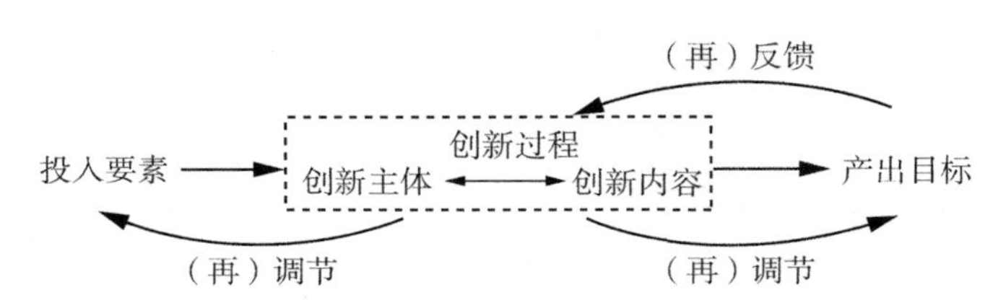

图 6-10　设计创新调节反馈示意图

图片来源：作者绘制

设计创新的反馈调节可能是企业在设计创新活动中根据产出结果测试情况进行投入要素或设计重点内容的调节，也可能是对企业外部环境或市场反馈的调节。

四、主导转换

俗话说“三十年河东三十年河西”，讲的是人事盛衰兴替、变化无常。企业在不同环境下，创新的主导因素自然不同。主导转换机理就是要求企业用发展的眼光看待创新问题，根据发展条件和市场环境与时俱进地进行产品美学价值的设计创新。除了总裁直接决策外，设计创新过程往往都是由一方主导，多方协同完成。创新主导不仅指创新主导主体，而且还包含创新投入主导要素、创新设计主导内容以及创新产出主导目标。主导转换机理存在的原因是企业所处行业不同、所处发展阶段不同，以及企业采取的竞争策略不同等多种因素都会导致企业设计创新需要的资源和主导的主体发生变化。

从企业发展阶段来看，在初创期、成长期和成熟期的创新主导驱动力、创新内容和创新主体都会发生变化(如图 6-11)。比如一些企业，特别是科技创新企业，在初创期会特别注重技术的研发，意在创造功能体验不一样的产品，此时的主导主体就会是工程技术部；到了成长期由于已经具备一定的技术基础，就会重点考虑产品尽可能地占领市场，此时突出产品的形象内涵是创新的主导，而主导主体就会是市场营销部；到了成熟期，产品技术创新会遇到瓶颈，产品竞争达到最激烈阶段，此时以设计创新为主导，重在造型感官的创新，主导主体就会是工业设计部。

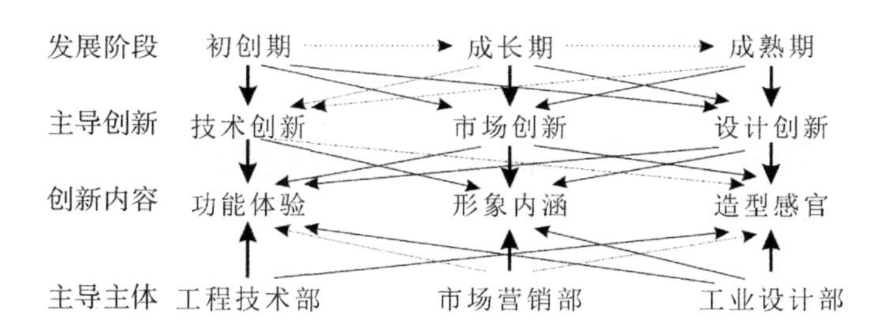

图 6-11　企业在不同阶段的设计创新主导转换示意图

图片来源：作者绘制

说明：箭头大小表示关系的相对强弱

第七章　产品美学价值的设计创新风险防控

创新意味着一定的风险，产品美学价值的设计创新同样面临风险。现代设计不仅仅是指设计产品外观造型，也是将设计与市场经营结合以实现消费需求，利于产品竞争，融入经济博弈的综合手段。设计不是设计师自己埋头苦干就能完成的事，它需要面对各种关系。各种关系中的不确定因素及其相互关联，导致设计创新和设计风险之间存在一种必然的互动关系。因此，了解产品美学价值的设计创新风险及其防控措施是产品创新活动中不可忽视的议题。

第一节　基本风险及其防控指导原则

设计风险的范围包括影响力及市场权益，往往涉及设计者及设计委托者，甚至消费者。产品美学价值的设计创新风险与一般产品创新风险既有相似之处也有独特之点，了解其基本风险从而提出有针对性的风险指导原则是对其进行风险防控的前提。

一、基本风险

基本风险是指由产品美学价值的设计创新直接导致产品整体价值利益受损的主要风险，相对产品创新其他风险而言，主要存在以下三种情况：

（一）美学价值接受风险

产品美学价值是一种精神上的无形价值，它会受到时代观念和区域文化的影响，因此产品美学价值的设计创新虽然以产品为载体创造了一种审美价值，但是这种价值能否被消费者，特别是较多地区的消费者认可和接受，就是一个较大的未知数。一旦经过设计创新后的产品的美学价值不被市场接受，就会给企业造成巨大的经济损失和人力、物力的浪费。

（二）知识产权侵害风险

采取专利保护已经成为企业普遍采用的知识产权保护措施。产品美学价值的设计创新是一种知识创造活动，它能够提高产品的总体价值，为企业创造经济利润，难免被市场跟随者和竞争对手模仿。一旦产品的设计创新形式被盗用，企业就会失去竞争优势。反过来讲，如果企业的设计创新形式侵占了别人的知识产品，就会遭到对方的起诉，同样会遭受经济和声誉双重的巨大损失。

（三）功能利益受损风险

功能利益受损风险是指在产品美学价值的设计创新过程中为了尽量提高产品的审美性，给产品的功能使用带来不便，甚至存在安全隐患。审美和功能在某些时候很难调和，当企业过分追求产品完美的效果时，这种风险就会增加。功能和安全是绝大部分工业产品的核心价值和基础，一旦功能利益受损严重，这种风险就好比产品上安装了定时炸弹，消费者对此绝不会接受。

除了以上论述的风险，产品美学价值的设计创新过程中也会有人才流失风险、资金短缺风险等其他风险。这些风险虽然相对而言是企业创新过程中经常遇到的一般共性风险，但是同样会影响产品美学价值的设计创新能否顺利进行，因此也需要引起企业的重视。

二、风险防控指导原则

（一）利益最大化原则

俗话说："两害相权取其轻，两利相权取其重。"产品美学价值的设计创新无论是在创造活动过程中还是在价值实现的交易环节当中，都有可能遇到一些阻碍因素。当产品美学不能让产品整体利益最大化时，必须服从产品规划整体利益。当风险已经成为事实时，就要从长远的利益来看，尽快拿出补救措施。

（二）联动性原则

产品美学价值是产品整体价值的一部分，企业对其发展路径进行设计需要考虑垂直联动与平行联动。垂直联动即不但不能违背企业战略，还应该促进企业战略的实施。平行联动即需要考虑与内部部门或外部机构进行合作与协同，以提高产品美学价值设计的合理性和有效性。

（三）动态优化原则

事物是发展变化的，社会环境会随着时代发展而变化，尤其是在当今经济全球一体化向经济和技术全球一体化、文化发展相互影响加深的大环境下，企业选择的发展路径不能固定不变，需要洞察趋势、顺应潮流，做到与时俱进。

第二节　风险的预防

一、顺应产品生命周期

哈佛大学教授雷蒙·弗农于1966年首次提出产品生命周期理论，认为任何产品都有一定的市场生命周期。生命周期是指产品从研制成功上市后到它在市场上被新产品替代的整个过程，一般将产品或产业的生命周期分为引入期、成长期、成熟期和衰退期。市场生命周期主要取决于市场需求、市场竞争和科技的更新换代等。为了产品在不同的生命周期最大化地占有市场，企业常会采用不同的创新策略。

产品美学价值对产品市场策略的实现起着至关重要的作用。在现有产品中添加新的设计元素能够延长产品的生命周期，但是在不同的生命周期中，产品需要采取不同的设计创新组合策略(如图 7-1)。

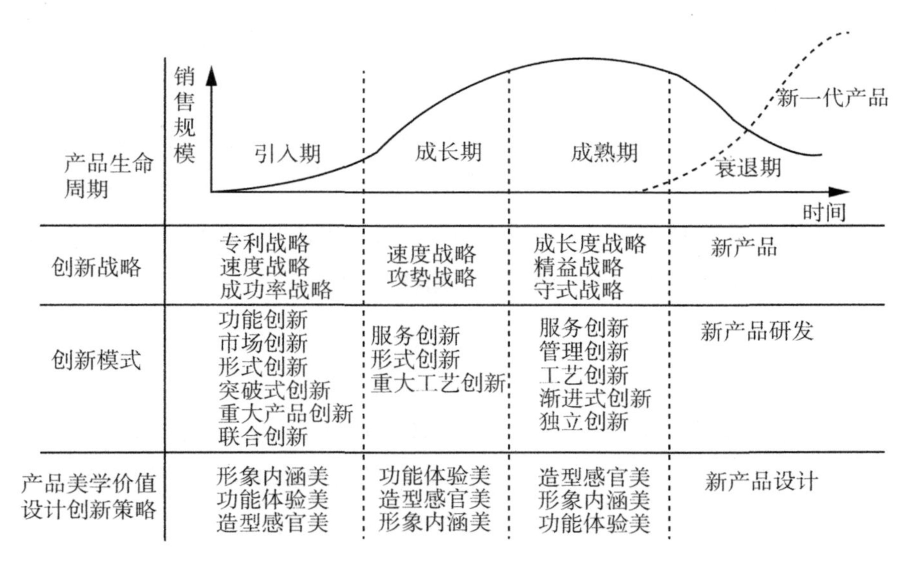

图 7-1　产品生命周期与创新①

图片来源：改编自胡树华(2000)

(一)引入期

产品新进入市场被称为引入期。此时产品品种少，许多消费者对产

① 参考胡树华《产品创新管理：产品开发设计的功能成本分析》一书中的图 2. 11 绘制。

品还不了解，除少数追求新奇的顾客外，大部分消费者只会了解相关信息，不会轻易购买该产品。生产者为了提高产品社会认知度和扩大销路，不得不对产品进行宣传推广，并投入大量的促销费用。此阶段的产品由于技术限制，功能设计有待改进。而由于市场销量难以确定，大批量生产的能力也未形成，企业一般会小批量生产，造成生产的成本往往较高。而且由于宣传费用等相关原因，产品销售价格偏高，因此企业通常很难获利，甚至可能亏损。

为了保护知识产权和迅速提高销售规模，企业往往需要采取专利战略、速度战略和成功率战略，围绕产品功能、形式和市场等多方面创新。此时期为了尽早提高产品的市场认可，产品美学价值首先需要充分突出产品的"形象内涵美"，通过对产品新内涵和全新价值意义的表达和宣传，让人们认可产品的新价值，其次需要通过"功能体验美"，让人们感受产品新技术新功能的"亮点"，同时也需要"造型感官美"，以时尚性、艺术性吸引更多求新求美的消费者关注。

（二）成长期

经过引入期的试销，当产品销售取得成功之后，便进入了成长期。在成长期消费者已经开始接受产品，产品的市场需求量和销售额会迅速上升。这时产品设计基本定型，生产进入标准化阶段，生产工艺和配套设备满足大批量生产，产品的成本也逐渐下降，产品利润迅速增长。与此同时，由于竞争者看到有利可图，纷纷进入市场参与竞争，市场上同类产品供给量会增加。为了保持和占有市场，同类产品价格会随之下降，企业利润增长速度开始减慢，并逐渐达到生命周期利润的最高点。

为了抵制市场竞争，在成长期企业一般会采取速度战略、攻势战略围绕服务、形式和工艺不断创新，以期最大化地占领市场。由于引入期企业在技术上的不成熟和功能体验方面的考虑难以周全细致，产品一般都会存有一点的瑕疵。经过引入期的市场销售反应后，可以了解到产品需要进一步完善的地方。此时产品美学价值需要重点完善产品的"功能体验美”和“造型感官美”，以进一步强化产品的“形象内涵美”，维护产品声誉和市场地位。例如2007年1月苹果推出的第一代iPhone，尽管具有历史性创新意义，但无论是外观造型还是功能设计都有许多不完善的地方。而2008年推出的iPhone 3G在功能体验上就具有明显的改善，与APP Store一起为苹果价值生态系统的形成发挥了极大作用。随后苹果不断完善iPhone的造型设计和功能体验，打败了原有手机霸主诺基亚，成为新的手机行业领导者。

（三）成熟期

当产品在市场上呈现饱和状态时，表明产品进入成熟期。经过成长期之后，购买产品的人数增多，产品销量较大。产品生产工艺稳定，生产效率最高，产品各项成本降低。但是由于市场竞争者也越来越多，市场需求趋于饱和，产品销售增长速度缓慢直至转而下降。产品面临技术更新瓶颈，由于竞争加剧，产品销售价格会开始下降。

为了维护市场地位，延长产品生命周期。企业需要采取成长率战略、精益战略和守式战略，围绕管理、服务、工艺等进行创新。此时期企业之间的技术水平达到基本相同水平，产品之间的功能体验很难存在明显差异。产品美学价值需要通过“微创新”设计来维护产品市场地位，重点以“造型感官美”和重新设计“形象内涵美”来满足不同消费者的个性需求，进一步挖掘利益市场。

智能手机市场在国内已经进入成熟期，各品牌之间的竞争已经进入白热化。TCL为了再度发力国内市场，2016年1月推出了“宛如生活”品牌理念（如图7-2），通过重点实施“形象内涵美”和“造型感官美”的创新设计策略，并通过“功能体验美”的微创新将品牌调性上升到另外一个境界，让产品融入新的文化情结。

（四）衰退期

当新产品开始占领市场，原来的产品销量开始不断下滑时，产品进

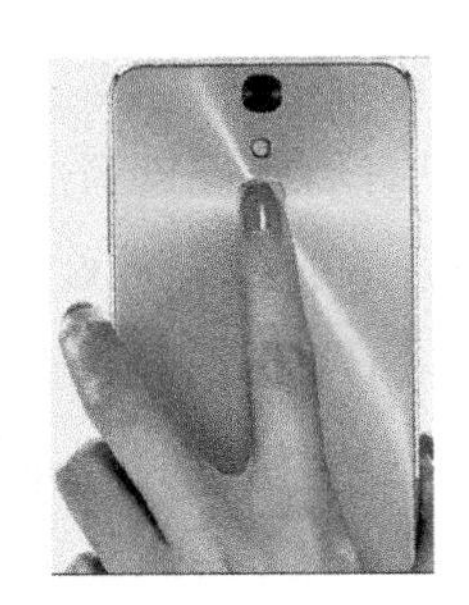

图 7-2　初现 TCL 750 文艺手机

图片来源：TCL 官网

入了衰退期。此时产品不仅难以销售，而且利润极低。这时企业需要瞄准新的研发方向，迅速进入新产品领地。

二、合理进行方案评价

设计评价是产品设计创新中必不可少的环节。设计创新是一项充满设计风险的过程，方案评价是防止设计创新风险必要而且十分重要的环节。合理的方案评价能够选出最好的方案，能够为设计方案在市场需求判断、经济效益估计、生产制造实现和品牌形象推广等方面及时作出选择和提供合理建议，从而将设计创新风险可能性降到最低。

(一)评价的主体

设计创新方案的评价主体不只是工业设计相关人员，还涉及工程技术人员、市场销售人员、生产制造人员、主管部门人员以及目标用户。每一类人员的知识经验不同，关注设计的焦点不同，因此对设计的评价会有自己的评价标准，甚至会对设计方案提供的意见针锋相对。每一类人员的建议都对产品设计创新方案具有一定参考意义。主管部门的意见甚至能够直接决定设计项目的存留。因为产品属性和设计来源不同，企业需要根据设计方案的保密性、设计方案评价的阶段性等情况邀请不同的人员参与。涉及重要设计创新还需要邀请相关专家或者第三方专业测评企业进行评价。

为了让更多的消费者认知和喜爱品牌，越来越多的企业让消费者参与产品设计创新中的审美评价当中。比如，新创企业小鹏汽车便将汽车造型设计方案公布于众，并且通过举办活动邀请消费者参与评审。汽车造型设计在一般人看来应该是专业性强、保密性强的创新活动，但小鹏汽车通过这一举措不但能够及时获取市场审美偏好，更获得了年轻人的关注和喜爱。

(二)评价的主要阶段

根据大部分企业产品的设计过程，本书认为对设计创新方案的评价主要集中在草案阶段、高保真原型阶段和原型测试阶段，三个阶段评价的侧重点各有不同。

1. 草案评价阶段。这一阶段主要是根据低保真模型，即设计手绘稿、电脑效果图以及手板模型等，来评价设计方案是否满足设计概念、是否合理，设计方案效果哪种更好。设计部一般会同相关部门提供两个以上可供选择的方案，以便企业决策选择最合适的初步方案和提出改进建议。评价的主体主要是设计人员、主管部门人员、市场营销人员等。

2. 高保真原型评价阶段。根据产品属性的不同，模型可能是借用现有真实产品改装，也可能是设计者制作的原型。这一阶段主要目的是判断根据草案阶段的设计效果能否确实做出真实产品，并确定在哪些方面需要进行改进。评价的主体主要是工程技术人员、设计人员、主管部门等。

3. 原型测试阶段。这时评价的对象是真实的产品，评价的主要目的是完善产品功能，确定产品造型风格是否容易被接受。所以评价的主体对象是潜在用户人群、市场营销人员、设计人员等。

(三)评价的主要指标及权重

根据产品美学价值的设计创新三个维度，设计创新的评价指标可以分为造型感官美、功能体验美和形象内涵美三个维度，包含形态、色彩、材质、图案、人机工程、界面设计、技术先进性、交互流畅性、产品故事、文化内涵、品牌形象、包装设计和品位象征等13个指标因子。(如表7-1)

表7-1　**产品美学价值的设计创新评价指标通用表**

评价维度	指标因素	指标要义
造型感官美	形态	造型、结构是否合理、优雅
	色彩	视觉美感如何，是否适配
	材质	材料的质感、纹理是否舒适
	图案	是否规范，是否增强视觉美感
功能体验美	人机工程	是否操作舒适
	界面设计	栏目设置、流程设计是否科学合理
	技术先进性	是否运用先进高效的技术
	交互流畅性	功能反应是否迅速、有无障碍
形象内涵美	产品故事	名称是否便于记忆，是否具有内涵
	文化内涵	产品承载的文化是否具有吸引力
	品牌形象	视觉审美性及其与代表的品牌文化属性
	包装设计	是否匹配或提升设计档次
	品位象征	产品语意是否格调优雅，是否能代表某种身份、阶层、回忆

表格来源：作者编制

由于产品属性不同，企业选择的竞争策略也不同，因此在对产品进行评价时每类指标因素的权重就会不同，甚至某些因素也不必去考虑。评价指标因素需要结合具体产品，根据评价主体来确定。比较常用的指标因素权重确定的方法如下：

1. 直接打分法。直接打分法一般由专家进行。专家指产品设计领域的高级学者或者经验丰富的人员。专家打分法是指针对具体产品的评价因素，由专家打分来确定每项因子的权重。在确定评价指标因素权重时，先将评价指标制成打分表，将每项因素的权重定为 0 至 100，然后请专家进行打分，然后对打分结果进行汇总。如果请 n 个专家对 i 个因素（此处 $i=0$，1……12）进行打分，设 X_{ij}（$j=0$，1……n）为每项因素对应专家的打分，Y_j 为每一项因素的权重，则 Y_j 可以用如下公式计算：

$$Y_j = \sum_{i=1}^{n} x_i / \sum_{j=1}^{12} x_j$$

其中：$X_j = \sum_{i=1}^{n} x_i$

且
$$\sum_{j=1}^{12} x_j = 1$$

2. 相对比较法。相对比较法即将评价的具体因素进行两两对比，根据相对重要性确定每项因素的权重。这种权重评价方法在价值工程中使用比较普遍。根据评价指标因素之间的重要性，可以设置“0 1”到“1 9”比值。如果采用“0 1”法，假设有两个因素 A 与 B 进行比较，A 得 0，则 B 得 1，表示 B 比 A 重要；如果采用“1 9”法，若 A 得 9，则 B 得 1，表示 A 比 B 重要得多，若 A 得 6，则 B 得 4，表示 A 比 B 稍微重要一些。当得分相同时表示两者重要性相等。“0 1”法比较刚性太强，而“1 9”法比较细腻，所以通常都采取“1 3”法或“1 5”法。

采用相对比较法打分时，每一对相对比较的因素得分之和相等且等于所用的分值法之和，比如采用“1 5”法，若 A 得 5，则 B 得 1，若 A 得 4，则 B 得 2，若 A 得 3，则 B 得 3。最终每个评价指标权重 x 为每一个评价指标得分与所有评价指标得分之和的比值。如果有 n 个评分者，则权重为其平均值。

（四）评价的一般流程

评价流程是指在一定目标指导下对设计方案进行一定步骤的评价和

反馈过程。主要分为明确评价目标、建立评价指标体系、选择评价方法、实施评价、对评价结果进行评估和检验，最后做出评价结论和利用6个步骤(如图7-3)。其中设计结果的评估和检测是做出评价结论的直接依据，具有重要的决策意义，因此一般都会对结果比较谨慎，从而会进行核对和评估，如果发现统计或者评价过程不合理就会进行再评或者取消评价结果。

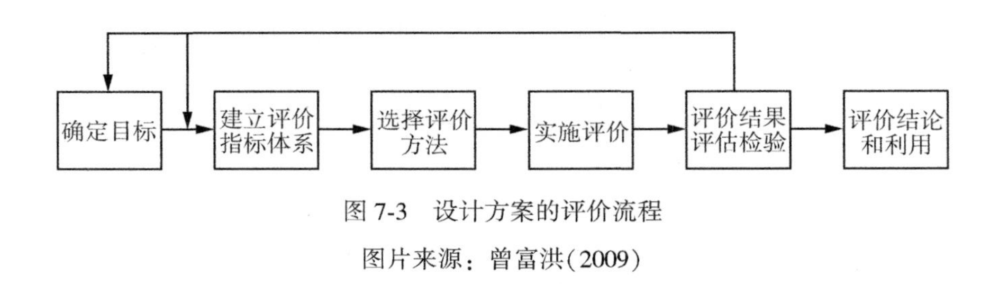

图7-3　设计方案的评价流程

图片来源：曾富洪(2009)

(五)评价的一般方法

评价的方法比较多，从性质上分可以分为定量评价方法和定性评价方法。其中经验打分法和模糊综合评价方法是比较常用的评价方法。

1. 经验打分法。经验打分法或者专家打分法，一般采用专家对照评价指标，给每个方案根据经验和感受进行直接打分，最后得分高者为最佳方案。这种评价方法简单直观，不需要太多计算，因此被企业和设计项目组采用比较多。

2. 模糊综合评价法。相较于以上通过简单统计确定设计方案优劣的方法，还有"技术—经济"评价法等偏向数理的统计方法。产品美学价值的设计创新既有主观感受的审美判断，也有生产制造方面的成本考虑，是一种理性目标指导下的含有情感判断和商业理性的综合行为，因此进行综合评价是比较科学合理的选择。模糊综合评价法就是比较受欢迎的含有主观因素的评价方法。

采用模糊综合评价法首先要确定评价指标和评判等级。评价指标可以采用本书通用评价指标，指标权重可以采用前面所述方法确定。评判等级即评判者针对方案或产品的评价指标给出相应的感受，一般采用五级制：很好、较好、一般、较差、很差。然后请评价主体打分，再根据模糊综合评价法的有关程序进行验算。① 通常情况下，由于评价指标涉及多级，还需要结合层次分析法进行综合评判。

三、利用知识产权防护

知识产权是一种无形的脑力劳动成果，可以转化为物质产品创造商业利益，受到国家法律保护。知识产权保护可以促进人们对知识创造的重视和进一步创造知识，促进国家和人类文明的进一步提升。知识产权包括两类：版权和工业产权。其中工业产权包括发明、实用新型和外观设计三种专利，以及商标、服务标记、厂商名称、货源名称或原产地等独占权利。

（一）知识产权保护

产品美学价值的设计创新能够为产品增强竞争力为企业创造效应，自然会引来竞争对手的模仿。如果没有知识产权保护，那必然会损失创新者的经济利益，打击创新者的积极性，继而不利于产业的发展。因此通过专利申请可以保护产品创新和设计创新利益，为企业积累技术资本，为产品的市场竞争提供法律保护。例如，苹果为了更好占领中国市场，防止竞争对手模仿，在 iPhone 4 上市之前在中国内地先申请了 11 项有关专利，在香港也获得 6 项 iPhone 4 的外观设计专利。这些专利考虑到了手机外观造型被模仿的可能性，相互之间的设计差别并不大。企业一旦侵犯知识产权专利就会受到严重的法律制裁，并付出巨大的经济代价。例如 2011 年苹果向美国法院状告三星侵犯手机发明专利和外观

① 曾富洪．产品创新设计与开发[M]．成都：西南交通大学出版社，2009：382-384.

设计管理。经过一年的审理，法院裁定三星侵犯苹果手机机身正面圆角矩形、边框及图标网格设计等3件外观设计专利权，判决三星赔偿苹果5.48亿美元。

(二)知识产权交换

知识产权在保护自身企业发展的同时，在竞争对手看来是产品创新发展的障碍。同一产业内的企业竞争非常激烈，很多时候产品的设计创新方向、目标甚至具体技术都几乎一样，这就导致同类产品企业经常存在专利互相侵犯的问题。所以A企业告B企业，而B企业告C企业，同时C企业告A企业的行业现象十分普遍。解决这一矛盾的最佳方法就是企业之间改变零和竞争方式，建立竞合关系。通过竞合关系双方都能获得对方的优势技术，从而能够增强双方的竞争力。比如苹果和华为都有手机通讯业务，两家企业都是大品牌公司。2015年华为向苹果公司许可专利769件，苹果公司向华为许可专利98件，这些专利覆盖GSM、UMTS、LTE等无线通信技术。

(三)知识产权扩散

俗话说："大河有水小河满，大河无水小河干。"企业的发展离不开整体产业经济形势，如果没有产业的繁荣或者产业整体发展风险较大，那么单个企业的发展必定将难以为继，尤其是对于新兴产业而言。技术创新扩散对于企业而言是一把双刃剑，但对于产业整体生态的发展起着积极的作用。2014年6月12日，新能源汽车公司特斯拉通过官网微博正式对外宣布将所有专利技术对外公开，允许并鼓励所有汽车制造商关注和使用它们的技术。这些专业技术将近有250项，包括电池、充电、电机等电动车核心技术和人机交互界面、天窗、车门、音响等设计创新形式。特斯拉通过将专利技术免费分享，不但有利于促进整个新能源汽车市场的发展，而且提升了公司整体的创新形象和地位。

第三节　风险的规避

一、规避审美认知风险

客观美学或者自然美学观认为不管欣赏者认不认可，美就在那里，它不会因人而异。与此不同的是，产品美学属于实用美学，受主观因素影响，它要实现价值就需要得到消费者认可。审美认知风险是指消费者由于审美观念对设计创新美学形式的抵制，不认同或忽视的情况。因为不同民族或者地区有着一定的审美文化差异，所以规避审美认知错误是产品美学设计首要考虑的因素。

(一)规避民俗禁忌

不同国家和地区由于文化不同会导致审美观念的不同。在一个国家和地区普遍认同的审美形式，在另一个国家或地区可能得不到认可。比如，颜色是产品设计创新的要素，不同颜色具有不同的象征意义。在中国，黄色是古代代表帝王的颜色，代表至高无上的尊贵，在现代多代表富贵、警戒。而在西亚有的国家，黄色代表死亡。因此，在产品设计创新过程中需要考虑目标市场消费者的文化观念和偏好。虽然经济全球化进一步发展，但越来越多的跨国企业注重本土化设计，这样可以根据地区文化习俗设计出更符合目标用户审美的产品。

(二)把握认知平衡

在对产品进行设计创新时还要注意审美惯性，即消费者对某类产品传统设计形式和以往设计风格的认知记忆，它会影响人们对于同类产品新设计形式的接受。太过于前卫的设计可能会让消费者造成认知障碍，一下子很难接受新的创新形式。而设计创新又需要追求形式上的变化，因此在产品设计创新过程中需要注意产品形式的典型性和新颖性平衡。

产品美学价值的设计创新不是简单地给产品进行“打扮”，而是为了提升产品整体价值和品牌形象，切忌过度美化，否则将会适得其反。除了特殊商品外，如果设计创新过于注重美学，会形成一种刻意为之的装饰效果，从而会给人“华而不实”的感觉。比如产品的过度包装，浮夸的造型，虽然能够吸引眼球，但由于喧宾夺主，甚至“金玉其外败絮其中”的话不但美学价值得不到认可，反而会拉低产品整体形象。

(三)前期形象护航

为了让产品更容易被市场接受，在产品正式投入市场以前，企业可以通过文化活动、形象宣传、影视作品等一些途径将产品设计概念先向市场推广，以此避免产品设计不被市场接受的风险。比如广东奥飞娱乐公司(原简称奥飞动漫)最先是一家专注玩具设计、生产和销售的企业，但由于知名度不高，产品市场表现一般。后来投资动漫产业，将企业产品融于动画影视作品中，在动漫传播的同时产品的知名度和影响力也加强了。

(四)模仿标杆企业产品

标杆企业的产品因为在市场上有着较强的影响力和审美认可度，一直是新兴企业模仿的对象。在不构成侵犯知识产权的情况，通过模仿设计，企业产品很容易就能融入市场中，产品的设计风格也容易被消费者接受。而且由于研发费用较低等原因，产品的性价比比标杆企业可能要高，产品更容易占领市场。当然，模仿不等于照搬照抄，许多知名企业的优秀作品的设计创意来源和风格往往也来自其他优秀的企业。比如，苹果公司设计师艾佛就表示，他的设计风格就借鉴了德国博朗公司简洁、大气的设计美学。

二、完善体系防御风险

设计创新活动是一项系统工程，除了设计创新活动外，其他相关要素对设计创新活动的开展和目标实现具有重要的支撑和辅助作用。因此构建完善的设计创新系统是防御风险的重要举措。

(一)注重技术研发

技术研发是设计创新的重要支撑，也并不是高科技产品才需要技术研发。谭木匠一直注重新产品的研发和设计，重点围绕提高效率、降低劳动使用率、增强安全性方面开展研发工作，注重节约材料、优化工艺和降低成本。谭木匠在重庆万州设有技术中心，针对木材的保养和稳定性进行技术研发，并不断加强和改进生产加工技术。

(二)注重消费体验

消费体验是指消费者在销售或体验店咨询和购买产品过程中的体验感受。越来越多的企业重视直营店和体验中心的建设，以此拉近与消费者的距离，更好保障产品价值的实现。消费者通过体验才能真实感受到产品的品质，打消有关产品的疑虑。良好的店面设计、优质的咨询服务可以提升消费者对产品品牌形象的认同感。

(三)重视品牌形象推广

无论什么品牌都需要通过一定途径进行推广。提高品牌的认知度，可以让产品的美学价值得到更多目标用户的认可。例如，为了更大力度提升品牌形象，谭木匠特别重视通过文化故事和运用新媒体渠道和新型传播方式宣传品牌，公司官网、微博微信都考虑与消费者的互动。

(四)整合产业链上下资源

通过整合产业链上下资源，可以打通产品设计前端和终端的联系，实现前后相互促进。比如奥飞动漫开始只是一家名不见经传的玩具企业，产品并不是十分受市场欢迎。后来通过与动漫联姻，将玩具设计与影视动漫相连，通过影视动画来推广产品，实现影视动画与玩具设计、生产、销售的一体化。如今奥飞公司已经将产品由动漫业务扩大到泛娱乐文化产业(如图 7-4)。

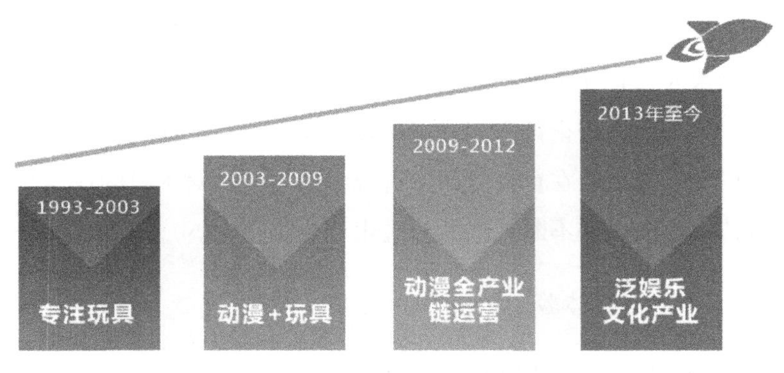

图 7-4　奥飞集团业务发展历程
图片来源：奥飞娱乐官方网站

三、项目众筹探测风险

我们正处在一个网络时代，万物互联，大众创新和万众创业等相关政策正催生着许多人创新创业的计划和实践，与此同时，许多人也希望在创新创业的浪潮中通过资本投资获得更多投资回报。于是网络众筹平台纷纷涌现，已经成为项目筹集资金的平台。设计创新的项目通过网络众筹平台可以让广大消费者提前知晓设计效果，众筹的过程就是一个项目被市场评审评判的过程。如果众筹效果好，则说明项目设计创新风险小，如果众筹效果一般或未能筹集到目标资本，则说明项目存在较大的设计风险。设计项目是保留还是改进，抑或放弃都有了一定的决策依据，设计创新存在的风险也就可以规避。

四、定制化规避需求风险

定制化设计生产是指企业在推出产品(通常为样机或品牌概念)后

不急于大批量生产和销售，而是将产品通过概念营销、样机展示和给顾客体验后得到消费者订单后再按需生产。常见的有两种方式：一种是产品设计基本形式已经确定，顾客一般只能更改颜色和零部件的配置；另一种是企业完全按照顾客要求进行设计并生产。采用定制化设计生产不但能够极大地减少产品创新风险，同时因为是按需设计和生产，能够更好地获取顾客满意度。定制化设计生产能够获得“四两拨千斤”的功效，但是企业能够获得订(定)单的前提是产品具有出色的概念和极强的品牌吸引力。小米手机、特斯拉汽车等企业就是在资金、规模不足的情况下，通过设计概念和品牌吸引力实施定制化设计生产而取得成功的典型代表。

第四节　风险的转移

风险的转移是指借用和利用外部资源，一般是利益相关企业和消费者将产品创新的风险让大家共担，以此减少风险发生的可能性。

一、设计项目外包

设计外包是指将产品设计的全部活动或部分环节委托另一方完成，在节约设计时间和设计费用的同时，实现产品最佳的设计效果。随着社会产品设计、品牌设计、服务设计需求的不断增长，不但国内专门从事设计服务、生产服务、品牌营销服务等事业的企业越来越多，而且因为看中中国的巨大设计市场，诸多国际设计公司也到中国设立设计分公司。这些设计公司对产品美学价值的创造和产品整体创新规划都有各自的特长。为了将我国尽快从制造大国发展为制造强国和设计强国，国家通过评选“工业设计中心”的方式激励越来越多的企业重视设计创新。原本擅长生产制造的企业，为了提升产品设计质量、增强产品创新形象，将设计相关环节外包，“以彼之长补一己之短”。这样既能减少企业产品研发总体成本，又能发挥核心优势。

二、设计产权投资

设计产权投资是指提供设计创新服务后不直接收取服务费用，而是将设计服务所具有的价值换算为等量企业股权价值投资到企业产品开发项目中。越来越多的设计服务公司期望通过这种方式融入企业发展中，与企业共享产品设计创新的长期经济价值。从设计创新风险的角度，对于初创企业和品牌影响力较弱的企业，如果在产品设计外包时提出将股权换成设计服务费用，一来可以减少企业的创新资金投入，二来可以让设计服务公司共担产品设计创新的风险。而设计服务企业是否接收相关提议，则取决于对方对产品市场价值和企业发展的预期估计。新创企业摩拜单车，在起步创业阶段邀请 Eico Design 公司进行自行车的创新设计时，Eico Design 公司即看好它的蓝图。Eico Design 公司以设计投资的方式加入企业，而摩拜单车以低成本的方式快速获得优质的设计资源。摩拜的自行车采用创新的理念，结合了互联网技术，既安全耐用又简单时尚，受到许多租赁者的喜爱。

三、利用粉丝效应

粉丝(fans)是狂热者、爱好者，主要指某个人或者某种事物的崇拜者、追求者。粉丝效应指的是建立在这种关注和崇拜关系上的利益关系。粉丝效应的最大特点是粉丝具有极大的热情为崇拜对象付出时间、精力和财力。一般而言，明星才有粉丝，但是越来越多的企业靠品牌吸引和互惠交流开始培育粉丝群体。这些粉丝群体能够为企业产品设计提供真实的建议，并愿意积极帮助企业解决有关问题。

许多新兴企业都在通过粉丝帮助解决设计创新中的问题。小米在做手机之前就通过 MIUI 论坛培养了一大批“米粉”，他们在小米手机产品研发中对产品性能和形式设计提供了许多有价值的意见和建议，对小米手机品牌的推广也起着极大的促进作用。小鹏汽车是一家致力于为年轻人制造不一样的车的新企业。他们将汽车造型设计进行公开评审，让潜在消费者获得参与感，并及时搜集市场反馈信息，并借此聚集和培养更多的粉丝。通过粉丝的真实心声，能够帮助企业打造最受欢迎的外观、内饰和功能体验。因此，企业若能借助粉丝群体，对规避设计风险具有十分重要的意义。

四、优势互补合作

优势互补合作也称之为强强联合，是指企业之间为了更好地实现价值利益，通过共同研发产品、项目合作、建立子公司等形式开展合作。企业之间通过合作可以扬长避短，实现“1+1>2”的效果。随着国际国内企业竞争的加剧，企业间的竞合关系已经成为一种常态。企业之间相互合作因为减少了创新障碍、提升了创新效率，可以减少创新资金、时间和技术成本，从而降低了设计创新风险。对产品设计而言，如果在设计咨询服务企业、科技研发企业、生产制造企业、品牌传播公司等相互之间开展合作，则可以促进企业产品设计创新能力和品牌形象的迅速提升。

通过企业之间强强合作诞生的产品，可以使产品获得自身的技术优势外，更容易获得市场的关注和受到消费者的青睐。比如，腾势（DENZA）是由中国新能源汽车领军企业比亚迪与世界豪华车制造巨头德国戴姆勒公司共同设立的合资企业。腾势电动车被认为集双方之所长，既结合了戴姆勒百年的汽车设计和造车文化底蕴，又结合了比亚迪先机的电池技术，一出来就吸引了市场的目光。

第五节　风险的补救

尽管企业会通过一定的举措去预防和规避产品设计创新的风险，但有时不得不面对设计创新的难题或者与风险正面交锋，如何化解风险和最大化降低风险就成为设计创新活动必须思考的话题。

一、附加产品补救

当产品投入市场后被发现存在设计创新缺陷，首先考虑应该是否有直接补救措施，也就是通过附加功能件或装饰件改变缺陷的办法，这也是企业通常采取的措施。例如，苹果 iPhone 4 天线设计存在问题，导致很多用户在使用手机时信号丢失或极度微弱，这严重地影响了消费者对苹果手机的功能体验。一开始乔布斯和苹果公司并不认为这是设计的问题，在经过消费者和媒体，特别是独立评论媒体《消费者报告》的反馈后，苹果公司及时宣布向购机用户免费赠送一个保护套，以保护手机信号的接受，并在后续产品 iPhone 5 中进行了设计改进。特斯拉汽车也面临过产品设计缺陷：Model X 的全景挡风玻璃，在太阳强烈的时候会影响驾驶者的眼睛而造成驾驶隐患。为了弥补这一设计缺陷，特斯拉向用户免费赠送可拆卸的遮阳板，以便需要时安装遮挡阳光，不需要时可以快速拆卸。

二、功能改进补救

随着用户维权意识的加强和国家法律的完善，经常可以看到关于产品召回的新闻，特别是汽车行业中经常看到召回事件。对产品进行召回改进是产品美学价值的设计创新风险化解迫不得已的方式。当产品存在较大设计缺陷，影响产品价值甚至威胁用户生命安全的时候，企业应当召回产品进行设计改进或退、换货。如果召回补救不及时，会影响消费者的直接利益，从而会严重损失企业产品设计在消费者心目中的地位，降低产品的品牌形象，甚至影响企业的生存发展。我国新修订的《消费者权益保护法》对不符合质量要求的商品做出了明确的退、换货规定。对设计缺陷产品进行改进补救，不仅是企业经济问题，更是法律法规的必然要求。因此，一旦发现产品确实存在设计缺陷，企业必须快速寻求解决方案。

三、形象攻关补救

形象攻关补救是指通过网络、媒体、电话、发布会等途径解释产品在设计或服务上不足的原因及补救措施，通过真实的数据、诚恳的态度和愿景的规划让消费者持续关注和购买企业产品，从而维持和提升企业品牌形象。产品设计无论看起来多么完美，一旦出现故障甚至安全事故，其价值意义对用户而言瞬间崩塌，同时对其他消费者和企业自身构成价值危机。即部分产品的问题很可能导致整个品牌形象的损毁，在设计上赋予产品的文化内涵和象征意义的价值也随之消失。因此，通过一定形象攻关来补救产品和企业形象是企业设计创新风险防控的重要内容。

第八章　案例分析
——特斯拉美学价值的设计创新路径

不同工业产品由于属性和用户的不同，在美学价值的设计创新目标和过程上会有所区别。因此，选择具有代表性的产品对其美学价值的设计创新路径进行分析显得十分必要。

在企业越来越重视产品美学价值的设计创新的同时，国家对设计创新也提出了更高的要求。2014 年，《国务院关于推进文化创意和设计服务与相关产业融合发展的若干意见》文件中指出设计服务第一个重点任务就是要："支持基于新技术、新工艺、新装备、新材料、新需求的设计应用研究，促进工业设计向高端综合设计服务转变。"高新技术产品是传统产品高新化或高新技术产品化的产物，是"五新"多元要素的集成产品。新能源汽车是这一类型产品的典型代表，目前属于国家战略性新兴产业之一。

美国特斯拉汽车是一家 2003 年成立于美国加州(硅谷地带)，以设计、生产和销售纯电动汽车和新能源产品为主的公司。自 2008 年第一款产品正式上市以来，通过高新技术和美学价值的设计创新相结合，重新定义了新能源汽车，不仅创造了电动汽车领域里多项世界纪录，而且被认为带来了新能源汽车发展的希望，被众多媒体和消费者誉为汽车中的"iPhone"、新能源汽车设计的"弄潮儿"。因此，以新能源汽车特斯拉为例分析产品美学价值的设计创新路径，非常具有研究分析的代表性和必要性。

第一节 特斯拉的发展概况

特斯拉诞生只有16年历史，是一家比较年轻的企业。目前并没有文献对其发展历程进行划分。根据一般企业发展阶段的特征，结合企业产品上市情况和品牌影响力，本文认为其发展历程分为初创期和成长期，目前正步入成熟期。

(一)初创期

2003年到2009年可以被认为是特斯拉的初创期。这一时期的特斯拉处于产品核心技术研发时期，目标用户针对富豪、权贵和明星。没有工厂，通过合作实现了第一代汽车的量产，并通过挖掘和培养设计人才，实现了第二代汽车的自主设计创新，初步确立了企业自己的设计风格。开始建设直销零售店和体验中心，初步构建了特斯拉在欧美的充电维修站点，树立了企业在市场中的高端品牌形象。

2003年公司由工程师马丁·爱博哈德和马克·塔澎宁成立，2004年2月艾伦·马斯克投资630万美元成为该公司创始人之一，并出任董事长，拥有所有事务的最终决定权。2005年7月11日，特斯拉(Tesla)与英国莲花汽车(Lotus)签署产品合作合同，在莲花爱丽丝(Lotus Elis)跑车的基础上开发第一代汽车Roadster(见图8-1)。2006年7月，Roadster原型车向公众展示。2008年，当混合动力汽车刚被人们熟悉并取得一定市场的时期，特斯拉汽车推出第一款纯电动豪华跑车Roadster，高达11万美金的售价虽然比富豪们订购时的价格要高，但整车的超强性能还是让富豪们欣然接受。2008年4月，特斯拉在加利福尼亚州的西洛杉矶开设了第一家零售店。2008年年底，公司邀请著名汽车设计师弗朗茨·霍兹豪森加入并担任设计总裁。在霍兹豪森到来之前特斯拉还没有自己的产品设计风格，产品设计语言主要借鉴莲花跑车和法拉利等高端跑车。2009年3月，特斯拉正式宣告Model S的诞生，这也标志着属于特斯拉的设计风格语言开始形成。

Lotus Elis　　　　Tesla Roadster

图 8-1　Lotus Elis 与 Tesla Roadster 对比

图片来源：汽车之家

（二）成长期

2010 年到当前属于特斯拉的成长期。这一时期特斯拉已经积累了电动汽车的核心技术，完成了企业的上市，拥有了先进的制造工厂，兼并了能源公司，正在围绕新能源开展多产品生产。目前第二代汽车正在热销，而且第三代车将正式批量交付。加速了向欧美以外，特别是中国市场的拓展步伐，快速完善户外充电维修服务站点。与松下合作的超级电池工厂开始批量出产，集团内部也完成了公司兼并重组。企业高端的品牌形象已经具备一定的全球影响力，产品已经成为继 iPhone 之后时尚科技的最佳代表。

2010 年 6 月 29 日，特斯拉在纳斯达克上市，成为美国自 1956 年福特汽车以来第一家上市的汽车制造商。2010 年购入通用汽车与丰田合资的位于加利福尼亚州弗里蒙特工厂。2012 年 6 月特斯拉 Model S 正式批量交付，量产速度和销售业绩让行业里自鸣得意的同行大惊失色。2013 年 2 月，奥巴马政府宣布新能源汽车规划失败。当时许多汽车制造商纷纷倒闭或陷入发展困境，而特斯拉却以销售业绩和股价双重优势成功“逆袭”美国电动汽车市场，并以 2.2 万辆的全年销量成为北美豪华车的销量冠军。2015 年 9 月，特斯拉首款纯电动 7 座 SUV Model X 全球首发。2015 年特斯拉全球全年销量为 5.05 万辆，相较于 2014 年的 3.16 万辆，同比增长 60%。2016 年 4 月 1 日，特斯拉 CEO 马斯克发布 Model 3。虽然预计该车在 2017 年年底才能交付，但在发布会后 24 小时 Model 3 预订量就超过了 11.5 万辆，一周后订单量达到 32.5 万辆，订单总金额达到 140 亿美元。由此可以看出特斯拉汽车在全球的影响力非同一般。2017 年 1 月，与松下合资的超级电池工厂(Gigafactory)虽然只完成了三分之一，但已正式开始量产 Model 3 系列电动车的锂电池，这意味着特斯拉将以更低成本和更大规模加速发展。2017 年 7 月底 Model 3 在北美开始交付车主，标志着特斯拉的三步走战略开始实现。2019 年 1 月，特斯拉首个海外超级工厂在上海开始建设，这也是第一个在中国独资建厂的外资车企。2019 年 3 月，特斯拉发布 SUV 车型 Model Y，这是继 Model 3 之后的第二款入门级车型。

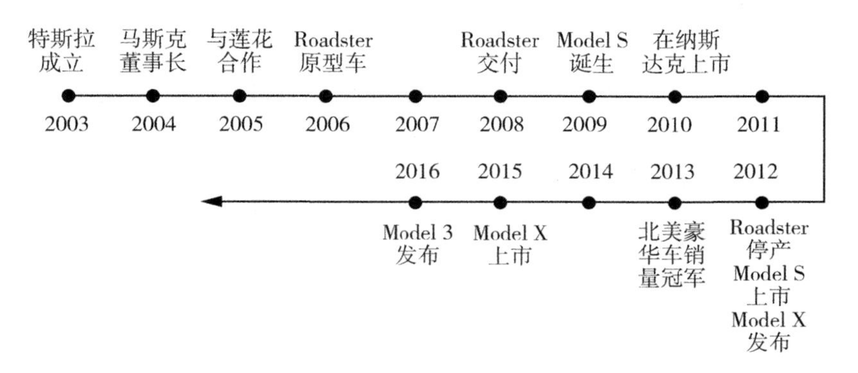

图 8-2　特斯拉主要发展历程

图片来源：作者绘制

特斯拉的超级充电网络是全球最大的快速充电网络，也是全球增长速度最快的充电网络。特斯拉提供超级充电站、目的地充电桩和家庭充电桩三种方式为电动汽车出行提供动力保障。截至 2019 年 7 月底，特斯拉已经在全球建设有 1604 座超级充电站(见图 8-3)，14081 台超级充电桩，几乎遍布全球主要城市。在中国已经建立了 42 家线下体验店和 29 家服务中心，超级充电站和目的地充电桩几乎遍布中东部各大中城市。特斯拉超级充电站一般位于餐厅、购物中心附近。目的地充电桩一般与酒店、餐饮、购物中心和度假区合作共建。

图 8-3　特斯拉充电站

图片来源：特斯拉中国官网

第二节　特斯拉美学价值的设计创新定位

作为一家科技型新兴企业，科技创新显然具有非同寻常的价值，但是这并不代表企业对产品美学价值可以忽略。事实上，特斯拉从诞生开始就紧紧抓住产品的美学价值，从形象内涵美到功能体验美到造型感官美没有哪一项是他们忽略的因素。

一、设计战略定位

特斯拉是一家集中于新能源汽车——准确地说是电动汽车的企业，在汽车设计、生产制造和销售方式上都具有鲜明特色——对于行业而言具有一定颠覆性。虽然特斯拉没有单独宣告自己的设计战略，但是从领导人宣称的产品理念和设计思想中可以看出对于产品美学价值，特斯拉的定位是在集中差异化战略下的美学与功能并重的设计战略。

马斯克投资电动汽车的直接动力来源于美国 AC 驱动器(AC Propulsion)公司高端的原型车 Tzero 给马斯克的试驾体验。马斯克希望新能源汽车能够像 Tzero 一样，速度能够快到惊人，能彻底改变电动车在人们心目中无趣又笨重的形象。特斯拉创始人爱博哈德认为(电动)汽车行程不够，性能不够，吸引力不够。于是特斯拉创始者们想要“催化行业变革”，要让“驾驶特斯拉汽车以及装备特斯拉动力系统的电动汽车成为一种乐趣，同时也更为环保”。在他看来，“汽车制造只有达到设计和科技的完美结合才称得上有意义”①。作为首席设计师的弗朗茨·霍兹豪森，也秉承形式服从功能的理念。他的设计理念就是“Model S 是效率的化身，要像一位集优雅体形和出色性能于一身的世界级运动员，内在保持恒久的速度与状态。”

二、主导方式定位

从发展历程来看，特斯拉产品美学价值设计创新的主导方式经历了借壳创新和自主创新两种主导创新时期。特斯拉在创立初期，由于资金不足、规模较小、技术有限等因素限制，为了能够尽快上市并赢得消费者青睐，第一代产品 Roadster 进行借壳设计创新，即利用英国莲花跑车的生产平台和品牌形象地位，结合自身技术优势进行创新。在借壳设计创新主导方式下，特斯拉在没有自己的风格语言情况下，通过改造和模仿高端品牌汽车形象实现了自身品牌形象的提升。

当企业有了一定规模和地位后，总裁马斯克挖掘和培养设计人才进行自主创新设计。当霍兹豪森担任特斯拉设计总监时，马斯克就明确表示今后汽车的设计：“要全部由自己人完成”。对于设计风格，希望视觉上能借鉴阿斯顿·马丁和保时捷的风格。② 后来，特斯拉通过霍兹豪森及其团队的努力，逐渐形成了自己的设计风格。

① [美]阿什利·万斯．硅谷钢铁侠[M]．北京：中信出版社，2016：127.

② [美]阿什利·万斯．硅谷钢铁侠[M]．北京：中信出版社，2016：123.

三、概念及市场定位

让新能源汽车替代燃油汽车是特斯拉创始人共同的愿景，而设计生产出能够改变人们长久以来对电动汽车偏见的电动车是他们首先想要做到的。马斯克要求汽车设计做到：漂亮和环保。总设计师弗朗茨·霍兹豪森也认为特斯拉要设计一辆漂亮的车：漂亮而不狂野，鹤立鸡群却不独特，绝对是有姿态有品位。

设计并生产出性能优越，独具审美，魅力十足的电动汽车，并且让人们获得愉悦的驾驶体验，则需要在产品创新过程中充分认识到产品美学价值的重要意义。设计"最困难的部分是吸引那些普通大众，为了达到这个目标我觉得应该制造一辆漂亮的车，我和我的团队想创造一个苗条，有运动感的外形去匹配动力系统，创造一样东西足够吸引人，而且会让人们联想到内在的品牌精神，比如当你看到它，你就会联想到iPhone"。①

特斯拉的市场定位分为三个阶段。第一阶段：他们计划首先针对富豪生产超级跑车，即面向小众设计生产高端汽车；第二阶段：用跑车挣的钱设计生产比较富裕者购买得起的电动车，也就是针对欧洲中产阶级；第三阶段再用挣来的钱制造更便宜的电动车，针对更多大众。

三个市场目标是围绕最终愿景而展开的循序渐进策略。第一阶段针对高端人士是正确面对新能源企业研发投入高而产品价格必然相对较高的事实，同时抓住富豪权贵及明星不缺钱但想体现社会责任的心理。只要汽车性能高，设计时尚就容易获得目标用户的青睐。这样一是可以提高新品牌产品的形象地位，迅速增强产品市场知名度；二是可以快速获得回笼资金进行新品的升级换代。第二阶段和第三阶段是实现理想的必然步骤。有了第一阶段的资金积累和产品形象内涵推广，再通过技术升

① 周恒星．用全新的方式去思考一辆车——专访特斯拉总设计师霍兹豪森[J]．中国企业家，2013(8)：60.

级改造和规模化生产实现产品的低成本化，可以促进产品的大批量上市，容易被更多消费者接受。

四、切入方式定位

在借壳设计创新主导方式下，特斯拉通过借助高端品牌企业的形象内涵将自身融入了高端品牌行列，可以认为是从形象内涵美进行了美学价值的第一步切入。除了在形象内涵上要求有所突破外，特斯拉还在功能体验上提出了许多新的想法。“真正拖延 Roadster 研发进度的，是马斯克想要实现的种种改动”，比如让车子具有更高的舒适度，通过手指触摸去解锁车门等。①

当进入自主创新主导方式后，特斯拉的设计创新切入方式在三个维度都有所追求：(1)功能体验美。无论是针对产品的动力性能，还是驾驶体验，根本的目的就是改变现有新能源汽车的功能体验。但这跟新能源汽车的技术研发和应用密切相关，也和一般汽车企业设计创新依赖有关，寻求功能体验的突破是特斯拉首要考虑的设计创新内容。(2)造型感官美。无论是说“独具审美”，还是“性感苗条”，显然都离不开造型的设计。(3)形象内涵美。作为一个新诞生的企业和汽车品牌，如果没有良好的形象内涵谈何取得消费者青睐，更不用提征服市场，让新能源汽车替代燃油车了。

第三节　特斯拉美学价值的设计创新运转

一、创新投入

作为新创企业，而且是在毫无汽车设计、研发、生产和销售等相关经验情况下进入新能源汽车领域的企业，可想而知创新投入是多么急迫

① [美]阿什利·万斯．硅谷钢铁侠[M]．北京：中信出版社，2016：79.

和重要。因此，围绕资金、技术和人才，特斯拉做了大量投入。

（一）资金投入

特斯拉虽然创立已经16年，也取得骄人业绩，但由于一直处于发展扩张期，营业收入多半涌入产品创新再研发当中，所以一直都没有实现真正意义上的盈利。Roadster当年的研发成本就超过1.4亿美元，大大超过最初预估的2500万美元。在2008年美国金融危机时期，特斯拉差一点就因资金断裂而破产。根据有关信息披露，由于研发投入巨大，在Model 3车型真正实现量产和交付前，特斯拉一直都处于财政赤字状态。

通过总结，我们发现维持特斯拉的资金投入来源主要有以下几个方面：

1. 创始人自身资金注入。马斯克本身就是硅谷地区有名的企业家和工程师。他在2002年将自己创办的互联网公司PayPal以15亿美元的价格卖给eBay，他赚到了1.8亿美元左右的财富。2004年马斯克便向马丁·艾伯哈德（Martin Eberhard）创立的特斯拉公司投资630万美元，并担任该公司的董事长，在2005年Roadster原型诞生时又投入了900万美元，随后在公司多次出现资金危机的时候拿出自身的资本。

2. 硅谷风险投资。例如2006年5月，德丰杰公司合伙人史蒂夫·尤尔韦松（Steve Jurvetson）领衔向特斯拉投资4000万美元，这是特斯拉自创立以来获得的最大额单笔VC融资。

3. 获取政府支持。特斯拉公司在利用好政府购车补贴外，还在2009年接受了美国联邦政府提供的4.65亿美元低息贷款，2012年有6800万美元的收入来自加拿大的“零排放”国家补贴，还有公司所在地——加州在税收减免和对新能源奖励方面的资金。

4. 出售碳排放权。根据《京都议定书》，欧美等发达国家都有减排计划，也就促使欧美诞生碳排放交易。据中国碳排放交易网报道，仅在2012年斯特拉公司通过销售碳排放额度获得高达4050万美元的收入，占到公司全年营业收入的10%左右。

5. 通过上市融资。2010年特斯拉在纳斯达克上市，融资额达2.26亿美元，目前特斯拉的股价市值已经超过300亿美元。

6. 通过技术合作和买卖获得投资。例如，特斯拉通过向戴姆勒出售电池和帮助戴姆勒研发电动汽车，获得该公司5000万美元投资，还跟丰田达成合作协议，获得丰田5000万美元投资。

7. 定制预付款。早在2006年7月特斯拉就开始接受客户的预订并向客户收取了订金。在特斯拉方案诞生后，客户需要为每一辆Model S支付至少5000美元的订金。现在的Model 3预订金为1000美元(人民币要8000元)。

(二)人才投入

作为一家新创公司，所有人才自然都来自公司外部。特斯拉的三位创始人都是工程师出生，他们既是创始人也是公司高级技术人才。为了实现早日生产，他们找到了莲花汽车工程总监罗杰寻求帮助，获取莲花汽车在安全和汽车底盘技术方面极大的帮助。与此同时，特斯拉在全球范围内招募人才，重点是工程技术、工业设计、市场营销等方面的知名人才。

以工业设计人才为例，特斯拉招募的人才绝对是最顶尖的人才。特斯拉最开始采取的是借壳设计创新，设计团队并不出名。为了提高产品设计的品位档次，实现最初对汽车设计的完美追求目标，特斯拉从全球顶尖汽车公司和汽车设计中心挖来汽车设计所需的各类人才。现任首席设计师弗朗茨·霍兹豪森毕业于美国顶级设计院校——帕萨迪艺术中心。在来特斯拉之前设计过许多优秀的汽车，在大众、通用、马自达都担任过设计师，也曾是马自达北美设计中心总监。特斯拉的内饰设计师Nadya Arnaout，是世界杰出的女设计师，在来特斯拉之前是宝马Z4及CS概念车内饰的核心成员。特斯拉的操作系统便是由从苹果挖来的设计师布伦兰·博雷特和乔伊·努克索尔负责设计的。可以说，没有像霍兹豪森为首的优秀设计团队，特斯拉就难以出现 Model S 这样的时尚科技产品。

特斯拉 Model 3 的设计和量产把特斯拉带进新的历史发展时期，但是在设计过程中又出现新的挑战。如何在维持功能降低成本时让汽车设计一如既往甚至超越以往的美学价值，这是特斯拉必须面对的挑战。因此，针对内饰设计、仪表设计等新的问题，特斯拉从保时捷、微软等行业顶尖公司挖掘人才。比如，从保时捷挖过来的内饰设计师费力克斯·古达德(Felix Godard)，在保时捷已工作三年，是 Mission E 概念车的首席设计师。这款车的设计采用了全息显示屏，并被外界誉为“特斯拉杀手”；2016 年年底特斯拉又挖来微软 HoloLens 全息眼镜前工业设计师安德鲁·金(Andrew Kim)，他的加入又让人们对特斯拉在功能体验方面的突破产生新的期待。

不仅设计人才尽量从顶级公司挖过来，在工程技术和营销等其他方面的人才特斯拉也是能挖就挖。2010 年 7 月，特斯拉挖来苹果的零售店副总裁乔治·布兰肯西普负责建立零售网络。2013 年年底，特斯拉成功挖走苹果 Mac 硬件副总裁费尔德(Doug Field)，他在苹果工作五年多，领导过 MacBook Air，MacBook Pro 和 iMac 等产品的研发。紧接着特斯拉也挖走苹果重量级技术人才瑞迟·禾雷(Rich Heley)。2016 年 5 月特斯拉从大众集团挖来了高管皮特·霍齐霍丁格(Peter Hochholdinger)作为汽车生产副总裁。特斯拉自成立以来，从苹果、福特、通用等大公司挖走了许多精英，仅从苹果公司一家大概就挖走了 150 名左右。

(三)技术投入

著名电动豪华汽车菲斯克(Fisker)与特斯拉诞生时间前后相差无几，在造型感官上可以说远胜于特斯拉，因为该品牌创始人菲斯克先生是世界最具创意和经验的汽车设计师，设计过许多豪华车。但是该品牌在 2013 年即特斯拉迅速成长时破产了，有人归结其最大的失败在于造型感官与功能体验的不匹配，而功能体验依靠最多的就是技术研发支撑。根据有关文献对特斯拉专利的分析，特斯拉在电力牵引技术研发上投入较大，这也是特斯拉研发的中心工作，其次包括电池组、电池组配置在内的电池技术是特斯拉的核心技术。随着企业市场规模的扩大，超级充电站桩相关技术随后也成了研发重点。在科学技术上特斯拉不但舍得投入，也善于投入，这主要体现在以下三点：

1. 重点研发电控技术降维突破技术困局。电机、电池、电控是电动汽车的三大核心技术，而且电池及其管理技术是最核心的部分。特斯拉并没有将研发重点放在电池原始技术的研发上，而是选择利用被普遍使用，比容高、寿命长的锂电池，并与美国柏禄帕迅能源科技有限公司进行技术开发合作。重点研发电池管理系统相关技术，实现汽车电池系统的安全有效管理，通过改进电池管理系统来实现超长续航。

2. 智能创新引领时尚潮流。随着互联网技术及其应用的发展，汽车智能化设计已经成为各大车企竞争的焦点。除电池技术外，特斯拉重点研发和应用车联网技术。如何实现汽车智能化，给驾驶者更多的体验，是特斯拉设计创新的重点。作为互联网公司 PayPal 的创始人，马斯克对互联网技术及其管理轻车熟路。

3. 轻量化设计尽量降低能耗。轻量化对汽车节能作用极大，电动汽车虽然没有了发动机、变速箱等重物件，但是电池重量很大，为了降低能耗，轻量化设计就显得尤为重要。为了尽量减轻车身质量，特斯拉汽车车身结构设计大量采用铝材，车身面板较多地采用碳纤维复合材料。

二、创新内容

特斯拉的感官造型设计、功能体验设计和形象内涵设计完美结合，散发出由外而内的美感。

（一）造型感官创新设计

1. 追求外观的优雅卓越。先进的设计理念自然要配上优雅卓越的外观。虽然特斯拉第一代汽车 Roadster 是借助莲花跑车平台，但在实际制造过程中依然聘请了优秀的设计团队来改造汽车，从而保持形式与功能的匹配。特斯拉汽车设计一直追求一种简单优雅的风格，整体呈现出一种饱满、协调、优雅的感觉。Model S、Model X 和 Model3 三代汽车造型的主要变化在于前脸和门的开启结构。造型语言基本一致，从三代车的侧面来看，都没有复杂的和充满变化的处理，前后左右造型特征之间保持趋势一致，相互呼应变化。

2. 追求形式的突破创新。新能源汽车特别是纯电动汽车，由于驱动力不同，在内部构造上与传统汽车有很大的不同，而且由于不需要发动机和变速箱等复杂部件，电动车的造型可以完全和燃油汽车区别开来。因此，特斯拉在汽车结构和外观设计上做了大量的文章（见图 8-4）。Model S 的前后备用箱设计，Model X 的鹰翼门设计、直升机式全景天窗，无门把手等设计，Model 3 的前脸造型设计等。这些设计想别人所没有想的，颠覆了传统汽车和一般新能源汽车的设计形式，创造了自己独特的设计语言风格。

3. 追求内饰的优雅舒适。为了匹配设计理念，给用户创造由外而内的美感体验，特斯拉汽车的内饰材料使用 Nappa 真皮。这种皮质透气性好，不吸收水分，皮革经过一定工艺处理后既在视觉上呈现美感享受，又在接触中感觉柔软而且结实。同时，汽车内饰用的木材不仅精挑细选还聘请行业资深木匠专门打造。

（二）功能体验设计

1. 追求交互方式的新突破。作为一辆追求智能化的新能源汽车，特斯拉不仅在外观造型上追求新颖，还在操作交互上彻底改变传统。特斯拉 Model S 最吸引消费者的设计创新特征应该是 17 英寸的中控显示屏，这个类似于iPad的控制终端将控制汽车内部功能，除了储物箱和应急灯开关等个别法律规定有规定要求的功能外，全部实现数字化。这一设计形式给汽车至少带来三点颠覆性创新：一是改变了汽车驾驶室的内饰设计形式；二是将汽车用物理按键操控的绝大部分功能改变为用数字化操控，是将“物质”转变为“数字化”的弄潮儿；三是这一平板电脑式的设计开启了网络终端经由电脑转到手机后来到汽车驾驶室的时代，特斯拉正是用这样的终端实现了汽车功能的空中升级和汽车维修保养的网络诊断模式。

2. 追求情感化的体验设计。高新技术产品一般给人高冷的感受，但经过工业设计师的“调教”它可以给人充满情谊的功能体验。Model S的首席设计师认为汽车不应该只是代步工具，更应该成为可以和车主互动和交流的对象。汽车设计应该要让人感受到车的热情。特斯拉门把手的设计就非常具有情感语义：当你走开时它会主动隐藏到车身里，当你靠近时它会伸出来与你“握手”。充电口的设计也具有情趣化，当你打开充电器开关靠近充电口时，充电口就会“张开嘴”接受充电，就像饥饿的小鸟张口吃妈妈喂的食物。

3. 网络化的诊断升级服务。中控台的大屏幕智能终端系统，可以为车主提供网络诊断服务。当汽车出现问题或者需要维修保养时，车主都可以通过中控屏幕完成。最不可思议的是，特斯拉通过这一终端系统每隔一段时间对汽车进行软件系统自动升级服务。目前特斯拉至少进行了7次“空中升级”推送服务，这使得汽车可以像手机一样更新系统，给车主带来前所未有的感受。

4. 引领智能科技发展应用。特斯拉是汽车领域新秀，却是智能汽车设计和实践的引领者。除了将数字化和网络化应用于汽车驾驶和操作中，特斯拉不断升级和完善人工智能辅助驾驶。自动泊车、自动驾驶和自动充电等智能技术无不成为汽车领域追风的目标(见图8-5)。

图 8-4　特斯拉汽车造型和功能的设计创新

图片来源：作者搜集整理

（三）形象内涵设计

1. 经典的名称和标志内涵。特斯拉的名字来源于尼科拉·特斯拉(Nikola Tesla)，他是交流电、无线电等技术的创造者和推动者，是物理科学界让无数人崇拜的科学家和发明家。当特斯拉创始人为品牌取名字的时候就想到了他。品牌 logo“T”从文字上来看是名称“Tesla”首字母，从图形上来看它像发动机的定子和转子上伸出杆子的组合，象征电力发动机(见图 8-6)。加之标志有意味的美感形式，特斯拉的名称和标

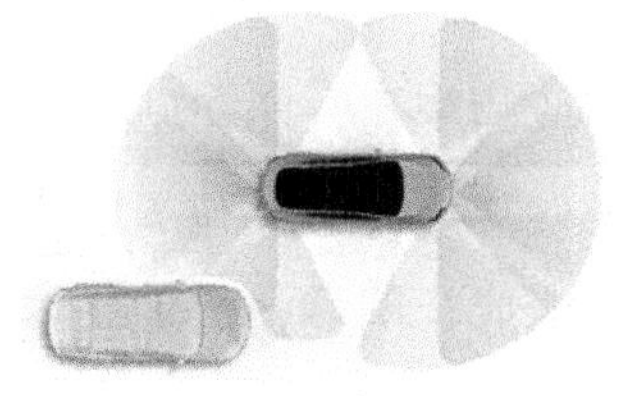

障碍识别系统　　自动驾驶过程

图 8-5　特斯拉智能驾驶系统

图片来源：特斯拉官网

志既便于人们记忆，又含有与产品特征相关的科学文化内涵，所以当人们看到特斯拉这一标志时就会联想到含有科技的内涵。

Nikola Tesla

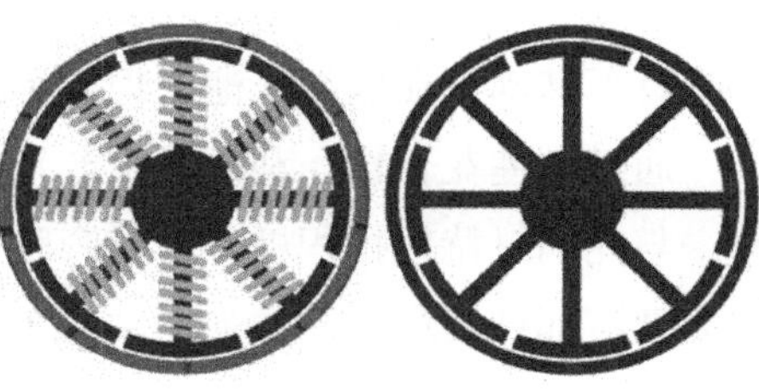

定子和转子简化图

图 8-6　特斯拉品牌及标志灵感来源

图片来源：百度百科和新浪科技

2. 杰出的品位认同。特斯拉的创立本意并不是将自己打造为权贵和高档身份的象征，只是在当时的环境下高端市场更有利于产品推广和企业的发展，这是企业可持续发展必须迈出的第一步。为了让产品高端时尚的品位内涵让市场得到认可，除了现实的设计创新外还需要寻找身份认同，只有被代表社会身份地位的消费者认同，汽车的品位才能得到市场认可。所以特斯拉无论是第一代 Roadster 还是第二代 Model S 的车主，都是各个国家和地区的名流政要和企业大佬。

三、创新主导

特斯拉的设计创新过程明显经过两个时间段的变化，即初创期以技术创新驱动为主导，从高端产品切入，重点设计功能体验美和实现产品形象内涵美，赢得核心技术和产品竞争力。转入成长期后，由于技术积累，在发展战略的驱动下转向以设计驱动创新为主导。

（一）初创期——技术驱动

在初创期，特斯拉以技术创新驱动为主导。重点围绕功能体验和形象内涵进行设计创新。由于企业创始人的工程专业背景和新能源相关技术的复杂性，围绕大众对电动汽车的核心需求：长时间续航能力，企业重点加强技术工程人员的挖掘和培养，不断加强产品核心技术特别是电池控制技术的研发，以求实现电动汽车在续航能力上的突破，为实现电动汽车的功能体验打下基础。在取得电池管理核心技术，实现电动汽车的长续航能力后，通过与莲花合作，利用其生产平台和在跑车领域的高端形象制造汽车。与此同时特斯拉积极寻求与奔驰、丰田等大型车企合作，通过对它们关键零部件的运用以增强电动汽车的功能体验，并借助莲花跑车的品牌形象背景和独有的功能体验设计。

（二）成长期——设计驱动

随着2008年Roadster汽车的交付，特斯拉在电动汽车核心技术上虽然有一定积累，但仍然面临许多挑战。根据对特斯拉的专利数据分析显示，2003年至2008年间，特斯拉专利数据不到100件，而在2009年至2012年间特斯拉的专利数据产生巨大变化，平均每年以近100项的数字增长。而在此之后每年新增专利数字明显下滑。这反映出两个问题：

一是特斯拉通过设计团队的增强，自主研发和设计Model S促进了企业的快速发展。2008年下半年著名汽车设计师霍兹豪森的加入，让特斯拉汽车在设计创新上有能力摆脱莲花跑车的影响。2009年Model S

原型车诞生，这期间工业设计部、技术工程部和市场营销部的人员结构更加合理，部门之间的交流与合作变得更加频繁与紧密。在技术创新基础上，结合互联网科技，特斯拉力争打造全新的汽车功能体验和独特的汽车造型感官，同时通过互联网对官网自媒体的口碑营销不断增强产品形象内涵。

二是特斯拉在 2012 年后基本掌握了新能源汽车的核心关键技术。为了实现最初的设计创新目标，特斯拉渐渐由技术驱动创新主导转向设计驱动创新主导，此时期特斯拉的设计创新在功能体验、造型感官和形象内涵上进行全方位的升级。特别是重新确立了自己的产品风格，树立科技时尚的产品形象。在设计驱动理念作用下，为了一个完美的设计效果，他会让工程技术人员无论如何也要实现。比如，在天黑时要让车灯自动打开，不需要开关；还比如汽车门把手，设计要求是需要时才出现。为了这些设计理念，工程师们夜以继日，不知攻克了多少难题。

无论是哪种创新主导方式，马斯克对汽车的设计都极为严格。设计师与工程师都保持密切的沟通与交流，做到设计效果与实际产品惊人的一致。比如，特斯拉汽车侧面的中线与设计原型能够做到完全的一致。面向大众化的 Model 3 设计采取更加严谨的思路，通过“可制造性设计”①(Design for Manufacture)方法来进一步强化设计工程师和生产工程师之间的无缝对接。在马斯克看来产品必须趋近完美。有时为了一个小小的设计要求，他让设计和工程技术人员夜以继日地忙碌。即将推出的电动卡车 Semi，在设计上完全颠覆传统卡车的造型和动力结构，将引领卡车设计新风尚(见图 8-7)。

四、创新产出

特斯拉汽车通过自主创新，新产品 Model S、Model X、Model Y、

---

①　可制造性设计(Design for Manufacturing，DFM)，它主要是研究产品本身的物理特征与制造系统各部分之间的相互关系，并把它用于产品设计中，以便将整个制造系统融合在一起进行总体优化，使之更规范，以便降低成本，缩短生产时间，提高产品可制造性和工作效率。

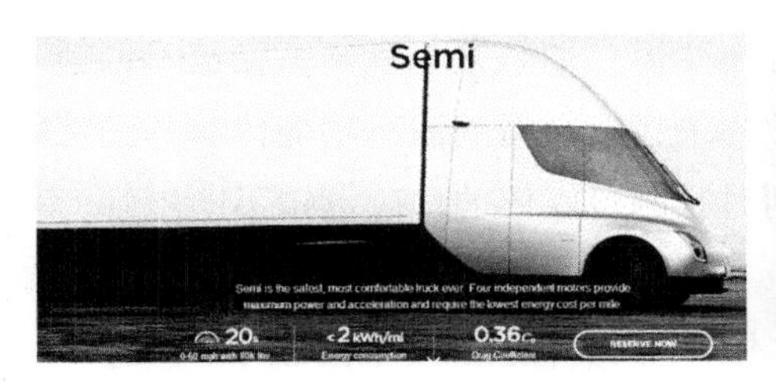

图 8-7　特斯拉电动卡车 Semi

图片来源：特斯拉官网

Model 3 等汽车(图 8-8)与同类汽车相比，不仅产品更美更新颖，而且迅速树立了良好的品牌形象，成为争相模仿的设计典范。

（一）产品更新颖独特

在核心技术的支撑下，通过以弗朗茨·霍兹豪森为首的设计团队努力，特斯拉汽车无论是造型感官，还是功能体验和形象内涵都形成了自己独特而新颖的风格。

1. 造型感官更美。特斯拉汽车在形态、结构、材质等多方面与一般电动汽车相比都更具有新颖性和美观性。由于出色的设计，Model S 上市当年就被世界知名汽车杂志《汽车趋势》授予“年度车型”奖。

2. 功能体验更优。数字化、智能化和网络化的设计已经让特斯拉俨然成为一台电子产品。从智能辅助驾驶，到数字化交互，以及空中升级，特斯拉的功能体验都突破了现有电动车和燃油车的人机交互方式，给消费者带来全新的审美体验。

3. 形象内涵更佳。特斯拉通过一系列的设计创新已经颠覆人们对于纯电动汽车的印象。设计与技术的完美结合给用户带来超强的驾驶体验，给人一种性能超强、造型时尚、魅力十足的豪华汽车印象。它已经成为跟苹果 iPhone 一样的受人青睐的时尚科技产品。

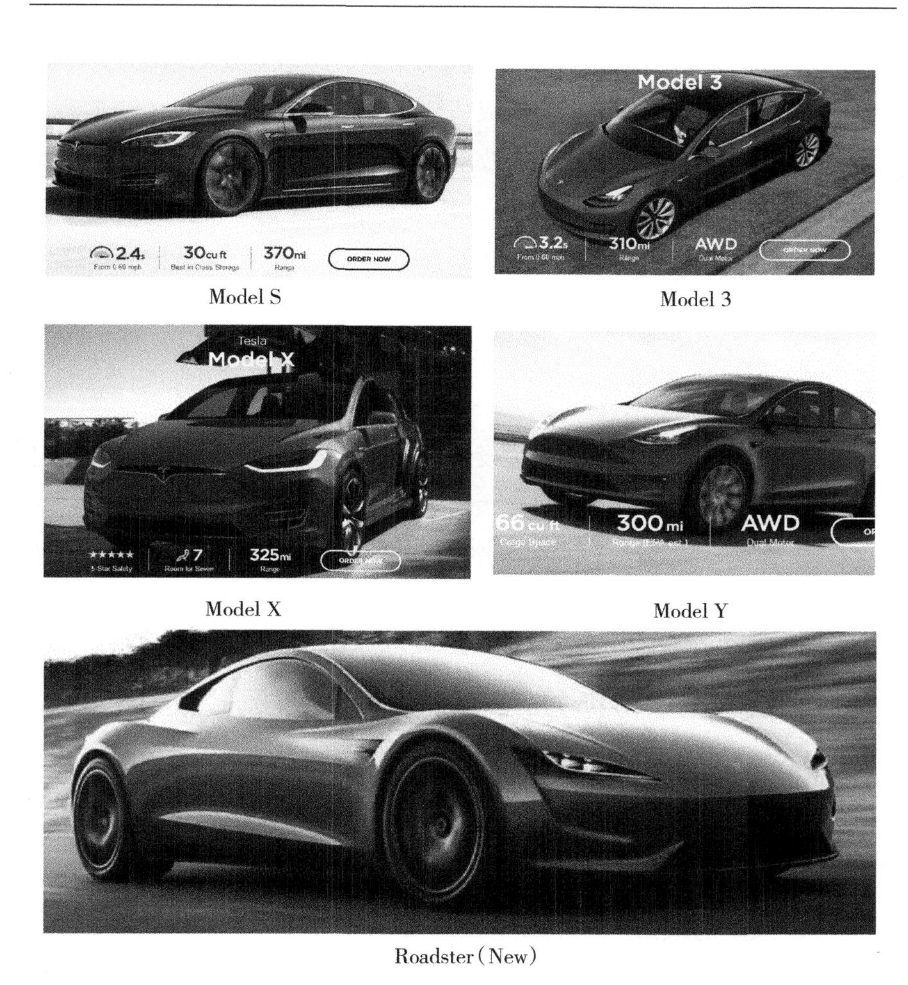

Model S　　Model 3

Model X　　Model Y

Roadster(New)

图 8-8　特斯拉在售车型

图片来源：特斯拉官网

（二）品牌形象更优秀

通过产品美学价值的设计创新，特斯拉汽车 Model S 被《消费者报告》杂志①给出汽车历史上的最高分——99 分，并连续三年被评为冠

① 该杂志是美国最具公信力的非营利消费评估机构、“汽车界的奥斯卡”。

军。美国权威杂志《名利场》评特斯拉为“21 世纪最重要的汽车”。不仅如此，Model S P85D 以 103 分的成绩被评为有史以来最杰出的汽车，并促使消费者报告的评分体系做出改动，以适应特斯拉带来的汽车评价新基准。在成立后的第 10 年，特斯拉进入世界品牌 500 强，并以 372 的排名超过劳斯莱斯。《世界品牌 500 强》(2016)显示，特斯拉品牌已经位列 151 位。

(三)形成了设计典范

特斯拉从整体到局部的众多设计创新既有美观性也更具实用性，已经成为众多新能源汽车模仿和抄袭的对象。比如特斯拉的中控大屏幕交互设计、轻量化铝合金车架设计、前引擎箱变储物箱、“底盘+车身”的构造设计等已经成为新能源汽车和智能汽车创新设计的趋势。

第四节　特斯拉汽车的设计创新风险防控

品牌诞生的过程一般都会遇到众多风险。作为一家新创企业，特斯拉在设计创新过程中采取了一系列风险防控措施，尤其是在开创初期。

一、风险的预防

(一)顺应产业发展新方向

在特斯拉诞生以前世界上已经有了新能源汽车，包括纯电动汽车和油电混合动力汽车。其中比较著名的有通用的电动汽车 EV1 和丰田的普锐斯①。前者因为成本高、行驶里程短等问题在推出后不久就停产、停售和停租。一次偶然的机会，特斯拉电动汽车创始人马丁·爱博哈德

---

① 普锐斯(Prius)是日本丰田旗下汽车品牌，于 1997 年 10 月底问世，是世界上最早实现批量生产的混合动力汽车。

注意到在很多豪华车旁边都停着普锐斯，但普锐斯是油电混合动力汽车，环保性和性价比都并不高。通过调查和分析，他发现买普锐斯的人并不是为了省钱，而是为了表达对环保的态度。

汽车作为最普遍性的交通工具，在各国产业发展中都占据重要地位。随着世界经济的进一步发展和人口的增长，汽车产业将继续保持整体增长的态势。与此同时，在经济全球化背景下，传统汽车的竞争愈演愈烈，各大汽车企业在保持红海竞争市场的同时纷纷实施蓝海战略，积极研发新能源汽车。当时新能源汽车设计在四个方面明显不能满足消费者需求。一是电池续航能力弱：新能源汽车纯电力驱动航程较短，一般只有 60 至 80 公里；二是产品美学设计差：无论是外观造型和内饰设计，还是功能体验设计都非常差；三是性价比极低：由于新能源汽车相关技术积累不足，研发投入高，产量小，产品的整体性价比非常低；四是售后服务普遍差，尤其体现在充电和维修方面。

爱博哈德发现的现象背后是社会环保需求日益提升、汽车产业需求旺盛而传统汽车产业竞争加剧、现有新能源汽车存在明显性能和设计不足的多重因素。虽然普锐斯已经得到很多消费者的认可，但爱博哈德认为它的外形不够出色，设计上还有很多改进的地方。于是便决定为喜欢开车的人打造一款完美的汽车，改变人们对新能源汽车的偏见，让驾驶者拥有愉快的驾驶体验。

(二)严格控制设计方案

特斯拉汽车战略的第一步是走高端市场路线，创始人都是汽车相关行业出身，不是菲斯克那样知名的汽车设计师，如果要想在最短时间内创造高端品牌产品光凭借技术不行。选择与英国莲花跑车合作能够借助对方的品牌形象迅速彰显自己的实力，但与莲花跑车的合作也不是那么顺利。在利用莲花汽车生产平台的同时，由于特斯拉采用了新的动力形式，在结构和外观上要进行新的匹配性设计和改造，于是创始人邀请了著名设计师，现代笔记本电脑之父的莫格里奇进行第一代产品外观设计。莫格里奇根据莲花跑车结构特征，借鉴法拉利和兰博基尼的造型语言为特斯拉提供了设计方案。当时特斯拉不是立刻直接采用莫格里奇的方案，而是从其他设计师那里也获得部分设计作品。为了选出中意的方案，当时的公司总裁埃伯哈德邀请了15名特斯拉团队成员、顾问及其家人，从4款较好的设计方案中评选出最终的特斯拉车型样式。

当马斯克接手特斯拉以后对汽车设计的要求就更高了。Roadster的交付时间一拖再拖的主要原因就是他对车型造型设计、功能体验经常提出新的要求。在Model S的研发过程中，他与设计总监霍兹豪森每周五在洛杉矶的设计工作室举行例会，并随时对设计方案直接进行评价并提出自己的意见和建议。在产品设计原型出来后他还亲自试驾，Model S原型车出来后他把它开回家，试驾后提出了80个改动之处。Model X则是在40至50套方案里面挑选出来的。

二、风险的规避

（一）规避审美认知风险

由于新能源汽车毕竟是相对较新的产物，在各方面还不成熟，如果在设计上太过于超前，不能在典型性和新颖性两方面取得平衡，就可能被消费者以怪诞的眼光看待。于是特斯拉在造型设计上虽然追求鹤立鸡群但不搞特殊化。通过特斯拉三代汽车前脸对比（如图8-9），大家就会发现：特斯拉汽车前脸最开始是有进气栅的，但是假的。这是为了保持产品设计风格与燃油汽车的基本一致，以免被“另眼看待”。正如特斯拉首席设计师霍兹豪森认为“特斯拉的设计必须具有传统吸引力，要让

Model S(60)

Model X

Model 3

图8-9　特斯拉汽车前脸

图片来源：特斯拉官网

人产生共鸣，吸引那些了解或喜欢电动车的人，运用传统车的线条使人容易喜欢上”。①

（二）直营和定制化生产

特斯拉采用的是“线上销售+线下体验和服务”的直销模式。其主要操作流程是：（前期通过网络或口碑了解并产生购买意向→）门店体验、预约试驾→官网预订、支付定金→工厂接单、定制生产→支付尾款、车辆交付。客户在预定特斯拉汽车时可以选择汽车颜色，车顶的固定方式，轮毂样式和内饰的颜色及材料（如表 8-1）。

表 8-1　　特斯拉（Model S）汽车可选设计组合

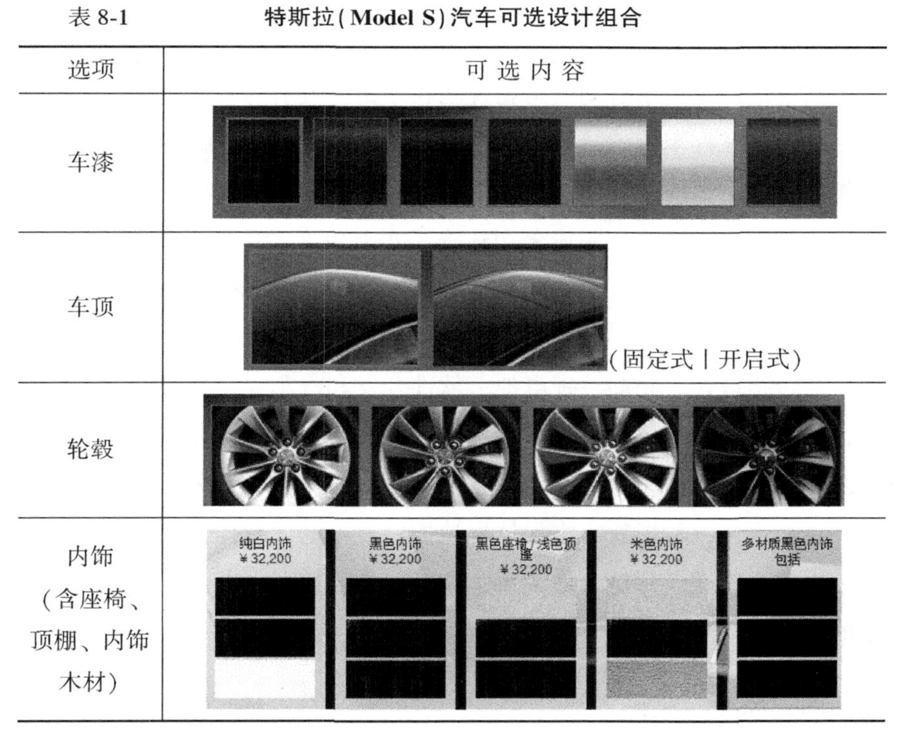

选项	可 选 内 容
车漆	
车顶	（固定式丨开启式）
轮毂	
内饰（含座椅、顶棚、内饰木材）	纯白内饰 ¥32,200；黑色内饰 ¥32,200；黑色座椅/浅色顶篷 ¥32,200；米色内饰 ¥32,200；多材质黑色内饰 包括

表格来源：作者自制（图片来源于特斯拉官网）

① http://www.jianshu.com/p/154b0cc1829f.

通过采用定制化生产，特斯拉为消费者提供了选择的多样性，满足了消费者需求的差异性和个性。汽车无论是第一代 Roadster，还是现在的 Model S、Model X 都是先发布产品原型然后接受预订。Model 3 虽然当时预计要在 2017 年年底才能交付，但是在马斯克召开发布会后一周内订单量就达到 32. 5 万辆，订单总金额达到 140 亿美元。

三、风险的转移

在特斯拉成立到电动汽车量产的过程中，特斯拉得到了众多大型企业在资金和技术上的支持和帮助，这些企业也从特斯拉公司获得技术支持。在公司成立早期，他们得到莲花汽车的支持，并被授予安全和底盘方面的技术，补充了特斯拉在车身及相关设计里面的不足；后期特斯拉通过其电池控制技术打动戴姆勒奔驰和丰田，吸引两者作为战略合作伙伴，补足其在汽车传统技术特别是制造领域经验不足的缺憾；与松下的合作使得锂电池的配套成本不断降低；在充电装置方面特斯拉将其业务外包给马斯克控股的太阳城公司；为了提升汽车数字化和智能化水平，特斯拉跟硅谷的谷歌等 IT 企业建立合作关系。分别来自英国莲花汽车的设计团队和美国、日本、法国、瑞士、瑞典、韩国等地的配件供应商，从包括设计、轮胎、锂电池、软件开发和汽车变速器供应等多个领域，为特斯拉提供了顶级保障。例如，Model X 的鹰翼门自动开启技术来源于奔驰，而且车内许多零部件都用的是奔驰产品或改进的奔驰产品。总而言之，特斯拉牢牢保持电池控制技术的优越性，利用自身核心竞争力与多方企业保持合作关系，相互取长补短，大大降低了设计创新中的风险。

四、风险的补救

特斯拉汽车设计虽然获得诸多设计荣誉，但也不是没有设计缺陷。比如 Model X 的全景挡风玻璃设计让产品看起来高端、大气、时尚，呈现完美的视觉效果，但当太阳强烈的时候，直射的太阳光就会影响驾驶者的眼睛造成驾驶隐患。为了弥补这一设计缺陷，特斯拉向用户免费赠送可拆卸的遮阳板，以便需要时安装遮挡阳光，不需要时可以快速拆卸。

Model S 在早期也常常会出现一些故障，而当时维修系统不够完善，维修能力有待加强，这导致特斯拉不但面临品牌危机，还面临发展危机。为了维持产品销量，维护品牌形象，除了在汽车设计上不断改进和加强维修站点建设外，马斯克还采取了一系列措施挽救公司形象。首先是让公司近 500 人变为销售人员，推广和推销汽车；其次是组织公司人员每周发布一则有关公司的好消息。与此同时，他还通过组织 VIP 用户和重要的媒体人参加奢华的晚宴、召开媒体大会等形式宣传特斯拉汽车，表明特斯拉是最安全和最漂亮的汽车。

第九章　总结与研究展望

第一节　总　　结

工业革命诞生伊始，工业产品的美学问题就受到诸多学者和企业的关注。社会实践证明，美学价值是成功的产品不可或缺的部分，它不仅仅是一种附带价值，更是产品和品牌“品质”的代言人。本书立足设计学学科，从学科交叉角度，在创新的视角下，整体性、系统性、动态性地解决产品的审美价值问题，力图突破人们以往对产品美学价值及其设计形式的狭隘理解，并且重点从企业的角度对产品美学价值的设计创新路径进行了系统阐述。

产品美学价值是指在一定历史文化背景下，产品某些属性通过设计创新或文化积淀后满足人的审美需要，给人带来审美愉悦和精神享受的一种以物质为载体的无形价值。产品美学价值具有审美愉悦性、价值依赖性、及时观照性、形式多样性、动态变化性等基本特征。物质要素、技术要素和精神要素是产品美学价值的三大承载要素，从宏观社会环境到中观企业研发制造和销售到微观消费行为都会影响产品美学价值。

产品美学价值的属性特征决定它与设计创新有着天然的联系。产品美学价值的设计创新，是指创造主体根据而不囿于市场需求，通过工业设计与工程技术、市场营销等相关要素的协同，整合企业内外相关资源，创造具有美学价值的产品或对现有产品美学价值进行提升的创新过程。具有实用性与艺术性相统一、主观性与客观性相统一、个体性与社会性相统一、未来性与现实性相统一、标准化与独特性相统一等六大基本特征。尊重人、尊重社会和自然是产品美学价值的设计创新原则，无论是实用型产品、实用审美型产品还是审美型产品都有美学价值的设计创新必要。产品美学价值的设计创新具有在经济、文化、政治和科技四个层次的效应，它的取向随着时代发展在不断演变，承担着越来越重要的社会责任。

系统科学的系统论、信息论和控制论为产品美学价值的设计创新提供系统而科学的指导；协同设计原理是产品美学价值的设计创新在具体操作过程中的指导方法；审美规律则是产品美学价值的设计创新直接依据，它揭示了产品美学价值的设计创新动力来源和认知过程。路径依赖是企业发展一般会面临的障碍，将影响产品及其美学价值的适应性。四种理论为产品美学价值的设计创新提供了全面而系统的指导。

综合有关产品美学价值和美学设计的理论，结合问卷调查反馈情况，产品美学价值的设计创新内容分为造型感官美、功能体验美和形象内涵美三个维度。三个维度之间既有着各自的独特性，又彼此相互关联相互影响。造型感官美是产品美学价值的物质基础，也是产品设计创新的基础；功能体验美在电子信息时代显得特别重要，它反映的是“人—产品”之间的内在联系；形象内涵美反映的是“人—产品—社会”之间的相互关系，它受到产品故事、产品标志、包装设计和品位象征的直接影响，以及形象宣传和商店环境等因素的间接影响。

定位是设计创新实施的起点。企业的总体战略和竞争战略对产品美学价值的设计创新产生直接的影响。针对产品美学价值可以将设计创新战略分为美学价值主导型、美学价值并重型和美学价值辅助型战略。自主创新、合作创新、模仿创新、外包创新和借壳创新是五种产品美学价值设计创新的主导方式。以产品美学价值的三个设计创新维度为轴，构建产品美学价值的设计创新维度选择模型。针对现有产品和新产品的特性，企业可以选择多种设计创新切入模式。用户导向、设计可行、契合品牌形象和动态调整是企业产品美学价值的设计创新概念定位的原则。依据这些原则，企业可以根据目标市场需求，产品创新理念和借鉴标杆企业等方法进行产品美学价值的设计创新的具体定位。

创新活动的投入、创新主体、创新内容和创新产出是产品美学价值的设计创新运转四大要素。市场驱动创新、技术驱动创新和设计驱动创新是产品美学价值的设计创新三种基本驱动力。企业在领导者主导的创新驱动力作用下，以创造新美产品、优质品牌和形成设计典范为产出目标，通过人才、资金、技术的投入，以工业设计部门为主，协同工程技术部门和市场营销部门，围绕产品造型感官、功能体验和形象内涵进行创新设计。设计创新的过程遵循产品牵引机理，要素协同机理，反馈调节机理和主导转换机理。

产品美学价值的设计创新目标实现需要采取一定的风险防控措施。顺应产品生命周期、合理进行方案评价、利用知识产权保护是预防产品美学价值设计创新风险的重要措施；规避审美认知风险、完善创新体系、项目众筹和定制化是规避风险的一般办法；将设计项目外包、利用设计产权投资和利用粉丝效应是风险转移的一般方式；如果设计创新风险不可避免，则可以通过附加产品、功能改进和形象攻关等措施补救将损失降到最低。

结合前文从设计创新定位、创新运转过程和创新过程中的风险防控等有关理论论述，我们可以将产品美学价值的设计创新路径用如下模型表示(见图 9-1)：

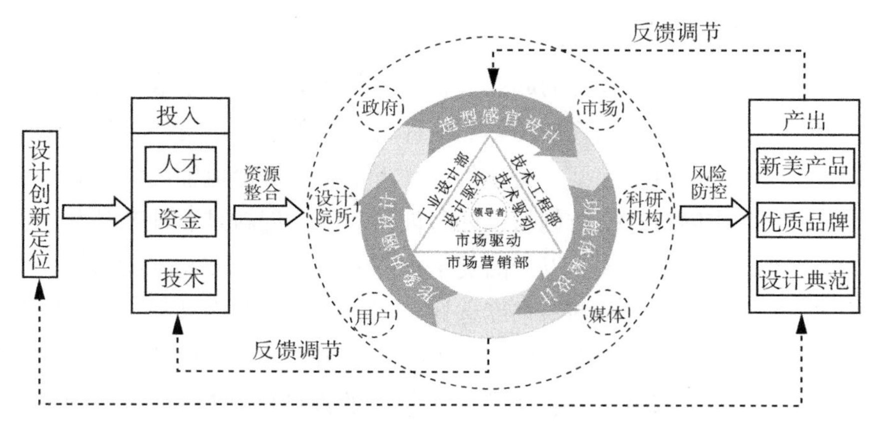

图 9-1　产品美学价值的设计创新路径模型

图片来源：作者绘制

第二节 创 新 点

本书主要创新点有以下三点：

1. 从学科交叉角度，在创新的视角下，整体性、系统性、动态性地解决产品的审美价值问题，从基本概念、创新原理、创新内容到创新定位、创新过程和创新结果的风险防控等多方面提出美学价值的设计创新方法、策略和路径。

2. 提出了产品美学价值及其设计创新的定义和内涵，并将产品美学价值的设计创新维度分为造型感官美、功能体验美和形象内涵美三个维度。三个维度既有着各自的独特性，又彼此相互关联、相互影响。造型感官美是产品美学价值的物质基础；功能体验美反映的是“人—产品”之间的有机联系；形象内涵美代表着产品的文化内涵和品位象征，反映的是“人—产品—社会”之间的相互关系。

3. 构建了产品美学价值的设计创新运转过程模型。围绕创新投入、创新主体、创新内容和创新产出四个维度，结合三种创新驱动力构建了产品美学价值的设计创新运转模型。将产品美学价值的设计创新运转过程概括为企业在创新驱动力作用下，以创造新美产品、优质品牌和形成设计典范为产出目标，通过人才、资金、技术的投入，以工业设计部门为主，协同工程技术部门和市场营销部门，围绕产品造型感官美、功能体验美和形象内涵美进行设计的创新活动。

第三节 研究展望

产品美学价值不只是一种附带价值，更是一种品质的象征。如果说技术是产品实现功能的手段，主要满足物质需求，那么人文艺术能够将产品带进人们内心，让消费者得到物质和精神的双重享受，同时成为品牌的忠实偏好者。产品美学价值的设计创新是一项科学而系统的过程，它虽然有着设计的独特性，但更离不开对产品开发的整体战略和整体价值的考量。本书虽然利用了学科交叉知识对创新的整体路径进行了比较系统的论述，但由于学科知识能力的局限，主要在策略和方法层面进行了以定性为主的研究探讨。关于产品美学价值的定量分析，设计创新方案和结果的量化评判等方面缺少深入研究。

根据研究体会，作者认为关于产品美学价值的设计创新研究至少有以下两点需要与相关专家学者一起进行探讨：

1. 产品美学价值的衡量和创新过程中功能与成本的优化。产品美学价值虽然是一种精神价值，但在现实运行当中它必然牵涉成本和经济价值问题。因此，如何针对不同产品进行美学价值的考量，并且在生产过程中进行价值工程分析是企业十分关注和需要解决的问题。

2. 产品美学设计在产品创新过程中协同设计的深入研究。产品美学价值的设计创新是系统工程，确切地说是产品创新的子系统。那么子系统主体及内容如何在静态和动态环境下保持密切联系和知识的交流转化，对设计创新的效益和效率来说是十分关键的问题。

人工智能机器人(AlphaGo)已战胜了世界围棋冠军，智能机器鹿班与国际顶尖设计师的设计作品相比不分伯仲，甚至略胜一筹。人工智能时代正在来临，智能机器已经开始代替设计师进行一般图案、产品形态的设计。未来的美学观念和美学设计方法都可能发生颠覆性变化。未来产品美学价值的设计创新路径该如何规划与抉择是我们将来不得不面对和思考的问题。

路漫漫其修远兮，吾将上下而求索。

参 考 文 献

[1]北京大学哲学系哲学美学教研室．西方美学家论美和美感[M]．北京：商务印书馆，1982.
[2]曾富洪．产品创新设计与开发[M]．成都：西南交通大学出版社，2009.
[3]常蕾，徐明．当代世界设计新沸点[M]．北京：东方出版社，2010.
[4]创新设计发展战略研究项目组．创新设计战略研究综合报告[M]．北京：中国科学技术出版社，2016.
[5]陈汗青，柳冠中，吕杰锋．工业设计与创意产业：中国科协年会工业设计分会论文选集[M]．北京：机械工业出版社，2007.
[6]陈先枢．实用商品美学[M]．北京：北京科学技术出版社，1991.
[7]陈望衡．艺术设计美学[M]．武汉：武汉大学出版社，2000.
[8]董学文．美学概论[M]．北京：北京大学出版社，2003.
[9]范圣玺．行为与认知的设计：设计的人性化[M]．北京：中国电力出版社，2009.
[10]范正美．经济美学[M]．北京：中国城市出版社，2004.
[11]封昌红．设计进化论[M]．北京：电子工业出版社，2014.
[12]付黎明．工业产品设计美学研究[M]．长春：吉林大学出版社，2012.
[13]顾建华．艺术设计审美基础[M]．北京：高等教育出版社，2004.
[14]顾振宇．交互设计：原理与方法[M]．北京：清华大学出版社，

2016：18.
[15]何琦．创意产品：价值实现与价值评估[M]．北京：经济管理出版社，2015.
[16]黄凯锋．审美价值论[M]．昆明：云南人民出版社，2005.
[17]黄凯锋．价值论及其部类研究[M]．上海：学林出版社，2005.
[18]黄柏青．设计美学[M]．北京：北京人民邮电出版社，2016.
[19]霍绍周．系统论[M]．北京：科学技术文献出版社，1988.
[20]黄厚石，孙海燕．设计原理[M]．南京：东南大学出版社，2010.
[21]胡树华，牟仁艳，徐仰前．产品—产业—区域创新路径[M]．北京：经济管理出版社，2009.
[22]焦瑞莉，等．信息论基础教程[M]．北京：机械工业出版社，2008.
[23]凌继尧．艺术设计十五讲[M]．北京：北京大学出版社，2006.
[24]凌继尧，张晓刚．经济审美化研究[M]．上海：学林出版社，2010.
[25]李龙生．设计美学[M]．合肥：合肥工业大学出版社，2016.
[26]刘润．互联网+小米案例版[M]．北京：北京联合出版公司，2015.
[27]刘飏．商品的审美价值论研究[D]．西安：西安电子科技大学，2007.
[28]刘刚田．人机工程学[M]．北京：北京大学出版社，2012.
[29]刘瑞芬．设计程序与设计管理[M]．北京：清华大学出版社，2006.
[30]罗仕鉴，朱上上．用户体验与产品创新设计[M]．北京：机械工业出版社，2010.
[31]罗筠筠．审美应用学[M]．北京：社会科学文献出版社，1995.
[32]陆西．埃隆·马斯克传：乔布斯之后改变世界的人[M]．重庆：重庆出版社，2014.
[33]李峻玲，王震亚．企业产品美学[M]．郑州：河南人民出版

社，2010.
[34]李超德．设计美学(第2版)[M]．合肥：安徽美术出版社，2009.
[35]李龙生．设计美学[M]．合肥：合肥工业大学出版社，2008.
[36]李世国，顾振宇．交互设计[M]．北京：中国水利水电出版社，2012.
[37]李亚轩．雷军的牌：小米神奇崛起内幕[M]．北京：电子工业出版社，2015.
[38]林广瑞，李沛强．企业战略管理[M]．杭州：浙江大学出版社，2007.
[39]林同华．超艺术：美学系统[M]．北京：中国社会科学出版社，1992.
[40]林崇宏．工业设计论：产品美学设计与创新方法的探讨[M]．北京：全华图书股份有限公司，2012.
[41]马浚诚．品牌设计与解决方法[M]．武汉：湖北美术出版社，2008.
[42]祁聿民．商品美学[M]．北京：高等教育出版社，1991.
[43]乔木．定位与决策[M]．北京：中国商业出版社，2002.
[44]芮延年，刘文杰，郭旭红．协同设计[M]．北京：机械工业出版社，2003.
[45]上海铁道学院管理科学研究所，武汉大学经济管理系，《世界科学》社合编．管理哲学——系统学[M]．上海：上海交通大学出版社，1985.
[46]石峰，莫忠息．信息论基础[M]．武汉：武汉大学出版社，2002.
[47]王国胜．设计范式的改变．设计驱动商业创新：2013清华国际设计管理大会论文集[M]．北京：北京理工大学出版社，2013.
[48]王效杰．工业设计．趋势与策略[M]．北京：中国轻工业出版社，2009.
[49]闻人军．考工记译注[M]．上海：上海古籍出版社，2008.

[50]吴大进，等．协同学原理和应用[M]．武汉：华中理工大学出版社，1990.
[51]徐恒醇．技术美学[M]．上海：上海人民出版社，1989.
[52]徐恒醇．设计美学[M]．北京：清华大学出版社，2006.
[53]徐恒醇．实用技术美学：产品审美设计[M]．天津：天津科学技术出版社，1995.
[54]许林，等．技术美学与产品造型[M]．北京：北京邮电学院出版社，1991.
[55]叶芳．有备之险：中国中小企业的设计创新与风险[M]．南京：东南大学出版社，2016.
[56]尹定邦，等．设计学概论[M]．北京：人民美术出版社，2012.
[57]赵祖达．美学与市场经济[M]．北京：华文出版社，1995.
[58]张凯，周莹．设计心理学[M]．长沙：湖南大学出版社，2009.
[59]张强，邓碧波．产品价值的重构[C]//工业设计国际会议，2004.
[60]张浩．互联网之美[M]．北京：清华大学出版社，2013.
[61]朱立元．美学大辞典[M]．上海：上海辞书出版社，2010.
[62]朱光潜．谈美[M]．北京：中国青年出版社，2011.
[63]周忠厚．美学教程[M]．济南：齐鲁书社，1988.
[64]郑应杰，郑奕．工业美学[M]．长春：东北师范大学出版社，1987.
[65]周至禹．思维与设计[M]．北京：北京大学出版社，2007.
[66]郝旭光．整体产品概念的新视角[J]．管理世界，2001(3)：210-212.
[67]曹俊峰．论人的审美活动与经济生活[J]．复旦学报(社会科学版)，1986(5)：88-91.
[68]彭亮．中国设计突围——美学经济时代的设计策略与创新模式[J]．创意设计源，2013(4)：44-53.
[69]何刚晴．审美经济驱动力及美育的时代转变[J]．读与写(教育教

学刊)，2014，11(1)：47-48.
[70]张品良．论审美的经济效能[J]. 江西师范大学学报(哲学社会科学版)，2003(9)：72-76.
[71]辛向阳．广泛需求：创新设计的社会驱动力[J]. 创意与设计，2014(3)：8-9.
[72]肖明朝．互联网思维到底是什么思维[J]. 汽车商业评论，2014：62-63.
[73]高志强．论设计美学观念创新对企业发展的重要意义[J]. 艺术百家，2007(6)：33-35.
[74]季欣．关于构建审美经济学的设想——凌继尧先生访谈录[J]. 东南大学学报(哲学社会科学版)，2006，8(2)：109-112.
[75]李思屈．审美经济与文化创意产业的本质特征[J]. 西南民族大学学报(人文社会科学版)，2007，28(8)：100-105.
[76]黄江颖．谈谈美学经济[J]. 价格月刊，1998(5)：4-5.
[77]薛福兴．生活美学——一种立足于大众文化立场的现实主义思考[J]. 文艺研究，2003(3)：22-31.
[78]吕宁．浅析美学经济[J]. 商业时代，2005(21)：87-88.
[79]杨正林，等．刍议体验经济[J]. 甘肃行政学院学报，2005(2)：87-89.
[80]曹阳．设计与审美影响着经济形态的转变[J]. 商场现代化，2006(15)：133-134.
[81]马宏宇．价值工程在我国产品设计中的应用文献综述——基于中国知网的分析[J]. 艺术与设计·理论版，2013(9X)：147-149.
[82]赵拓，等．工业设计附加价值与产品技术价值的协调关系研究[J]. 西北工业大学学报(社会科学版)，2011(12)：27-29.
[83]罗芳魁，刘满．美学价值工程(AVE)应用方法初探(中)[J]. 价值工程，1996(3)：21-25.
[84]黄柏青．设计美学：学科性质、演进状况、存在问题与可行路

径[J]. 湖南科技大学学报(社会科学版), 2012, 15(5): 160-163.
[85]赖守亮. 虚拟美学中审美客体的演化: 单向度到多向度[J]. 设计艺术研究, 2016(2): 1-5.
[86]黄江颖. 谈谈美学经济[J]. 价格月刊, 1998(5): 4-5.
[87]郭会娟. 产品设计美学构成与本质探讨[J]. 机电产品开发与创新, 2008, 21(3): 41-43.
[88]姚君喜. 我国商品美学研究综述[J]. 兰州商学院学报, 1994(1): 75-78.
[89]甘桥成, 徐人平. 产品设计的设计美学评价[J]. 设计艺术: 山东工艺美术学院学报, 2010(10): 53-53.
[90]朱毅, 张焘. 设计与审美——基于产品外观设计与大众审美情趣关系的研究[J]. 艺术与设计·理论版, 2009(3X): 187-189.
[91]刘启强. 创新方法理论发展及特征综述[J]. 广东科技, 2011, 20(1): 40-43.
[92]刘刚. 创新理论最新研究综述[J]. 企业管理, 2010(9): 88-91.
[93]蔡军. 设计战略研究[J]. 装饰, 2002(4): 8-9.
[94]路甬祥. 设计的进化与面向未来的中国创新设计[J]. 全球化, 2014(6): 5-13.
[95]凌继尧. 工业设计概念的衍变[J]. 南京艺术学院学报(美术与设计版), 2009.
[96]王效杰. 论工业设计对高技术产业化的作用[J]. 高科技与产业化, 2000(4): 7-9.
[97]彭亮. 中国设计突围——美学经济时代的设计策略与创新模式[J]. 创意设计源, 2013(4): 44-53.
[98]许平. 工业设计在创新中的价值[J]. 中国质量报, 2006-03-21.
[99]蒋红斌. 工业设计创新的内在机制[J]. 装饰, 2012(4): 27-30.
[100]童慧明. 设计创新的进阶之路[J]. 21世纪商业评论, 2009(5): 58-59.

[101]杜湖湘．工业设计创新的动力分析[J]．装饰，2005(07)：62-63.
[102]杨艳华．工业设计创新模式初探[J]．福州大学学报(哲学社会科学版)，2009(1)：40-44.
[103]宋咏梅，孙根年．科特勒产品层次理论及其消费者价值评价[J]．商业时代，2007(14)：31-32.
[104]胡树华．产品创新管理(上)[J]．价值工程，1998(1)：11-12.
[105]荆冰彬，齐二石，敬春菊．产品的顾客价值及需求强度分析[J]．天津大学学报(社会科学版)，2001(9)：251-253.
[106]杨洪泽，李博．现代化背景下的产品价值分析[J]．美与时代(上)，2011(11)：84-86.
[107]罗军．产品价值理论模型初探[J]．艺术与设计·理论版，2011(3)：172-174.
[108]辛向阳，曹建中．设计3.0语境下产品的属性研究[J]．机械科学与技术，2015(6)：105-108.
[109]王鹏．美学经济时代的传统新生与设计加值——探究台湾文化创意产业[J]．合肥工业大学，2012(4).
[110]李韬，郭一．一把折扇 一则传奇——“茉莉香扇”的创意思路与艺术特征[J]．艺术学界，2014(2).
[111]中华人民共和国国家标准：人-系统交互工效学、支持以人为中心设计的可用性方法(GB/T 21051-2007)(ISO/TR 16982：2002).
[112]中华人民共和国国家标准：价值工程(第1部分)：基本术语(GB/T8223.1-2009).
[113]陈雪颂，陈劲．设计驱动式创新：一种面向消费社会的创新理论[J]．演化与创新经济学评论，2011(1).
[114]赵楠，于爱兵，路明村．机床造型质量的模糊层次综合评价[J]．制造技术与机床，2007(9)：66-69.
[115]曹阳．论产品整体设计策略[J]．区域经济评论，2005(3)：36-37.

[116]袁作兴．审美价值论[J]．长沙电力学院学报(社会科学版)，1998(4)：79-84.

[117]柳冠中．设计的美学特征及评价方法[J]．装饰，1996(2)：4-6.

[118]杨艳华．工业设计创新模式初探[J]．福州大学学报(哲学社会科学版)，2009(1)：40-44.

[119]宋军，郝清民．新产品的学习曲线效应及定价策略[J]．商业研究，2001(2)：46-48.

[120]李政道．科学和艺术——一个硬币的两面[N]．中国青年报，1999-06-10.

[121]楚小庆．试论艺术本质属性对技术生态变革的促进作用[J]．艺术百家，2015(5)：89-99.

[122]王超．波普艺术对现代设计的影响[J]．美术教育研究，2011(7)：89-89.

[123]蔡荣生，王勇．国内外发展文化创意产业的政策研究[J]．中国软科学，2009(8)：77-84.

[124]赵威．文化创意产业的文化价值与美学价值[J]．兰州文理学院学报(社会科学版)，2017(1)：39-42.

[125]席格．论文化创意审美的三个维度[J]．中州学刊，2013(11)：80-85.

[126]凌继尧．亚理士多德的美学思想和四因说[J]．人文杂志，1999(5)：94-99.

[127]陈太一，王育民．信息论的进展及其应用(下)[J]．电信科学，1985(2).

[128]张锋．控制论的科学思维方法[J]．西安工程大学学报，2008，22(1)：114-116.

[129]许波．国外关于进化心理学的研究[J]．心理学探新，2004(1)：16-19.

[130]宋志鹏，张兆同．ERG 理论研究[J]．江苏商论，2009(3)：

88-89.
[131]庞业涛，杨年．产品价值与顾客需求层次分析[J]．管理，2007(7)：81-82.
[132]唐建军．论美感递减规律[J]．艺苑，2010(5)：13-20.
[133]景奉杰，等．产品属性与顾客满意度纵向关系演变机制：享乐适应视角[J]．管理科学，2014(3)：94-104.
[134]周清杰．企业成长中的路径依赖与突破[J]．财经科学，2005(6)：93-99.
[135]何建洪．论企业成长中的路径依赖[J]．商业时代，2007(33)：52-53.
[136]李宏伟，屈锡华．路径演化：超越路径依赖与路径创造[J]．四川大学学报(哲学社会科学版)，2012(2)：110.
[137]和阳．OPPO：软时代的硬汉子[J]．创业家，2013(7)：34-40.
[138]贺川生．创新与耐克[J]．品牌，2001(9).
[139]杜书瀛．审美愉悦与感性经验[J]．河北师范大学学报(哲学社会科学版)，2006，29(5)：65-70.
[140]张艳菊，李欢．智能手机产品的体验式营销研究——以苹果手机为例[J]．经济管理，2013(10)：176-177.
[141]杨景厚．苹果电脑公司的马鞍形发展史[J]．改革，1999(2)：100-105.
[142]陈丽君，赵伶俐．美学与认知心理学的交叉：审美认知研究进展[J]．江南大学学报(人文社会科学版)，2012，11(5)：127-133.
[143]孙志学，杜鹤民．基于形状文法的多因素驱动应急通信车造型设计[J]．机械设计，2014(10)：97-100.
[144]卢兆麟，汤文成，薛澄岐．简论形状文法及其在工业设计中的应用[J]．装饰，2010(2)：102-103.
[145]汪芸，周志．创新的路径——二十年来最具创意的设计案例推

荐[J]. 装饰，2012(4)：34-45.
[146]侯历华，王新新. 国外品牌象征意义理论研究综述[J]. 外国经济与管理，2007，29(6)：49-57.
[147]张立荣，管益杰，樊春雷. 简单暴露效应：范式和研究回顾[J]. 人类工效学，2008，14(2)：64-67.
[148]尹建国，吴志军. 产品情感化设计的方法与趋势探析[J]. 湖南科技大学学报(社会科学版)，2013，16(1)：161-163.
[149]孟宪忠，王汇群. 中国企业面临的两类竞争与两种战略能力、战略对策——兼论迈克尔·波特的企业战略理论的局限性[J]. 经济纵横，2006(4)：65-68.
[150]崔译文. 论阿莱西产品设计的情感表达[J]. 工业设计，2015(12)：73.
[151]唐雨辰. 耐克："霸主地位"的背后[J]. 石油石化物资采购，2014(6)：52-54.
[152]IDEO：技术创新不敌以客户为导向的创新[N]. 新浪财经，2013-03-04.
[153]马勇. 产品创新的市场拉动与技术驱动战略[J]. 商业时代，2007(4)：27-28.
[154]蔡军. 设计导向型创新的思考[J]. 装饰，2012(4)：23-26.
[155]邹祖烨. 发展工业设计　振兴首都经济——北京工业设计促进会成立大会报告，1995-9.
[156]杨拴昌，等. 从美国"特斯拉现象"看制造业创新[N]. 中国经济时报，2013-11-20.
[157]周恒星. 用全新的方式去思考一辆车——专访特斯拉总设计师霍兹豪森[J]. 中国企业家，2013(8)：60.
[158]马宏宇. 高新技术产品设计方案的实现路径研究——以特斯拉汽车为例[J]. 设计艺术研究，2014(4)：30-41.
[159]马宁. 特斯拉 挖人正当时？[J]. 产品可靠性报告，2016(6)：

8-10.
[160]张攀，邹卫兵．特斯拉汽车公司的全球专利分析[J]．中国新技术新产品，2016(21)：109-111.
[161]王波．特斯拉的设计与策略分析及对中国汽车的启示[J]．装饰，2016(5)：34-37.
[162]杨东．汽车界的苹果：特斯拉直销模式揭秘[J]．销售与市场·管理版，2016(21)：74-77.
[163]李爱朋，曹宁．现代企业口碑营销策略——以小米公司为例[J]．中国市场，2015(27)：118.
[164]张立荣，管益杰，樊春雷．简单暴露效应：范式和研究回顾[J]．人类工效学，2008，14(2)：64-67.
[165]刘萍．新时期产品设计中美学观念变迁及其动因分析[D]．西安工业大学，2012.
[166]张小开．多重设计范式下的竹类产品系统的设计规律研究[D]．江南大学硕士论文，2009.
[167]董霞．设计美学研究述评[D]．景德镇陶瓷学院，2013.
[168]杨文龙．提升塑料家具产品附加值的设计研究[D]．江南大学，2013.
[169]牟仁艳．产品—产业—区域创新的路径模式研究[D]．武汉理工大学硕士研究生论文，2008.
[170]陈雪颂．设计驱动式创新机理与设计模式演化研究[D]．浙江大学硕士研究生论文，2011.
[171]吴杰民．基于生命周期的产品价值研究[D]．武汉理工大学硕士研究生论文，2007.
[172]夏燕．产品审美价值认同度的影响因素分析及提升认同度的对策研究——以手机为例[D]．重庆大学硕士研究生论文，2008.
[173]李立男．经济美学[D]．东北财经大学硕士研究生论文，2012.
[174]李宏．科学与美术的共生与背离[D]．东北大学硕士研究生论

文，2008.

[175]曾重嘉．以产品美学属性作为竞争策略之研究[D]．台湾淡江大学，2009.

[176]王采莲．产品形态设计中的感性研究[D]．武汉理工大学硕士研究生论文，2005.

[177]李春媚．审美经验再认识[D]．扬州大学硕士研究生论文，2011.

[178][美]阿什利·万斯．硅谷钢铁侠[M]．北京：中信出版社，2016.

[179][美]艾·里斯(Al Ries)，[美]杰克·特劳特(Jack Trout)．定位[M]．王恩冕，于少蔚，译．北京：中国财政经济出版社，2002.

[180][美]德莱福斯(Dreyfuss H.)．为人的设计[M]．陈雪晴，于晓红，译．南京：译林出版社，2012.

[181][美]菲利普·科特勒．营销管理——分析、计划和控制[M]．梅汶和等，译校．上海：上海人民出版社，1996.

[182][美]格伦·厄本(Glen L. Urban)，[美]约翰·豪泽(John R. Hauser)．新产品的设计与营销[M]．韩冀东，译．北京：华夏出版社，2002.

[183][美]赫斯克特，等．服务利润链[M]．牛海鹏等，译．北京：华夏出版社，2001.

[184][美]John B. Best. 认知心理学[M]．黄希庭，译．北京：中国轻工业出版社，2000.

[185][美]库珀(Cooper，A.)，等．About Face 4：交互设计精髓[M]．倪卫国等，译．北京：电子工业出版社，2015.

[186][美]莱维特．营销想象力[M]．辛弘，译．北京：机械工业出版社，2007.

[187][美]洛克伍德．设计思维：整合创新、用户体验与品牌价值[M]．李翠荣等，译．北京：电子工业出版社，2012.

[188][美]马斯洛(Maslow，A. H.)．动机与人格[M]．许金声，程朝

翔，译．北京：华夏出版社，1987.
[189][美]马蒂·诺伊迈尔．设计为本[M]．北京：人民邮电出版社，2011.
[190][美]诺曼(Norman D. A.)．情感化设计[M]．付秋芳，程进三，译．北京：电子工业出版社，2005.
[191][美]迈克尔·波特(Michael E. Porter)．国家竞争优势[M]．李明轩，邱如美，译．北京：华夏出版社，2002.
[192][美]迈克尔·波特．竞争优势[M]．陈小悦，译．北京：华夏出版社，2006.
[193][美]迈克尔·波特(1998)．竞争战略[M]．陈丽芳，译．北京：中信出版社，2014.
[194][美]彼得·F. 德鲁克．创新和企业家精神[M]．北京：企业管理出版社，1989.
[195][美]彼得·F. 德鲁克．创新与企业家精神[M]．张炜，译．上海：上海人民出版社，2002.
[196][美]普拉哈拉德(Prahalad D.)，[美]索奈(Sawhney R.)．设计的魔力：心理美学带来的商业奇迹[M]．刘倩倩等，译．北京：中国人民大学出版社，2014.
[197][美]恰安(Cagan，J.)，[美]沃格尔(Vogel，C. M.)．创造突破性产品——从产品策略到项目定案的创新[M]．辛向阳，潘龙，译．北京：机械工业出版社，2003.
[198][美]施密特，西蒙森．视觉与感受——营销美学[M]．曾嵘等，译．上海：上海交通大学出版社，2001.
[199][美]托夫勒．未来的冲击[M]．孟广均等，译．北京：中国对外翻译出版公司，1985.
[200][美]乌利齐，[美]埃平格．产品设计与开发[M]．北京：机械工业出版社，2015.
[201][美]沃尔特·艾萨克森，管延圻．史蒂夫·乔布斯[M]．北京：

中信出版社，2011.
[202][美]谢德荪．源创新[M]．北京：五洲传播社，2012.
[203][美]约瑟夫·熊彼特．经济发展理论——对于利润、资本、信贷、利息和经济周期的考察[M]．何畏等，译．北京：商务印书馆，1991.
[204][奥]庞巴维克．资本实证论[M]．陈端，译．北京：商务印书馆，1964.
[205][加]高普(Gorp T. V.)，[美]亚当(Adams E.)．情感与设计(Design for Emotion)[M]．于娟娟，译．北京：人民邮电出版社，2014.
[206][英]阿德里安·福蒂．欲求之物[M]．苟娴煦，译．南京：译林出版社，2014.
[207][英]大卫·史密斯(Smith，D.)．创新[M]．秦一琼等，译．上海：上海财经大学出版社，2008.
[208][英]罗伯特·克雷．设计之美[M]．尹弢，译．济南：山东画报出版社，2010.
[209][英]斯帕克(Sparke P.)．为真实的世界而设计[M]．钱凤根，于晓红，译．南京：译林出版社，2012.
[210][英]威廉·荷加斯．美的分析[M]．杨成寅，译．北京：人民美术出版社，1984.
[211][法]奥利维耶·阿苏利．审美资本主义：品位的工业化[M]．黄琰，译．上海：华东师范大学出版社，2013.
[212][法]马克·第亚尼．非物质社会：后工业世界的设计、文化与技术[M]．滕守尧，译．成都：四川人民出版社，1998.
[213][德]沃尔夫冈·弗里茨·豪格．商品美学批判：关注高科技资本主义社会的商品美学[M]．董璐，译．北京：北京大学出版社，2013.
[214][德]沃夫冈·乌利西．不只是消费：解构产品设计美学与消费社

会的心理分析[M]. 李昕彦，译. 台北：商周出版社，2015.
[215][德] 哈肯(Hermann H.). 协同学理论与应用[M]. 杨炳奕，译. 北京：中国科学技术出版社，1990.
[216][德]沃尔夫冈·韦尔施. 重构美学[M]. 陆扬等，译. 上海：上海译文出版社，2006.
[217][意]罗伯托·维甘提(Roberto Verganti)，戴莎. 第三种创新[M]. 北京：中国人民大学出版社，2013.
[218][韩]金宣我. 美学经济力：欧洲设计师谈设计管理与品牌经营[M]. 北京：电子工业出版社，2011.
[219][苏]普列汉诺夫. 普列汉诺夫美学论文集[M]. 北京：人民出版社，1983.
[220][苏]П. Е. 施帕拉. 技术美学和艺术设计基础[M]. 李荫成，译. 北京：机械工业出版社，1986.
[221]Baha E., Lu Y., Brombacher A., et al. Most Advanced, Yet Acceptable, but Don't Forget[C]// NordDesign. 2012.
[222]Bloch P. H, Brunel F. F., Arnold T. J. Individual Differences in the Centrality of Visual Product Aesthetics: Concept and Measurement [J]. Journal of Consumer Research, 2003, 29(29): 551-65.
[223] Borsci S., Kuljis J., Barnett J., et al. Beyond the User Preferences: Aligning the Prototype Design to the Users' Expectations [J]. Human Factors & Ergonomics in Manufacturing, 2014, 26(1): 16-39.
[224]Borjade Mozota, Brigitte. Design Management: Using Design to Build Brand Value and Corporate Innovation [M]. Allworth Press, 2003: 92.
[225] Berkowitz M. Product Shape as a Design Innovation Strategy [J]. Journal of Product Innovation Management, 1987, 4(4): 274-283.
[226] Beverland M. B. Managing the Design Innovation—Brand Marketing

Interface: Resolving the Tension Between Artistic Creation and Commercial Imperatives [J]. Journal of Product Innovation Management, 2005, 22(2): 193-207.

[227] Candi M., Saemundsson R. Oil in Water? Explaining Differences in Aesthetic Design Emphasis in New Technology-based Firms [J]. Technovation, 2008, 28(7): 464-471.

[228] Christensen J. F. Asset Profiles for Technological Innovation [J]. Research Policy, 1995, 24(5): 727-745.

[229] Creusen M. E. H., Schoormans J. P. L. The Different Roles of Product Appearance in Consumer Choice [J]. Journal of Product Innovation Management, 2005, 22(1): 63-81.

[230] Di Benedetto, C. A. Identifying the Key Success Factors in New Product Launch [J]. The Journal of Product Innovation Management, 1999, 16(6): 530-544.

[231] Freeman C., Soete L. The Economics of Industrial Innovation [M]. MIT Press, 1997: 215-219.

[232] Gutman J. A. Means-End Chain Model Based on Consumer Categorization Processes [J]. Journal of Marketing, 1982, 46(2): 60-72.

[233] Huber J., Kirchler M., Sutter M. Is More Information Always Better?. Journal of Economic Behavior & Organization, 2008, 65(1): 86-104.

[234] Jr., Robert W. Veryzer. Aesthetic Response and the Influence of Design Principles on Product Preferences [J]. Advances in Consumer Research, 1993, 20(1): 224-228.

[235] Hekkert P. Design Aesthetics: Principles of Pleasure in Design [J]. Psychology Science, 2006, 48(2).

[236] Hekkert P., Snelders D., van Wieringen P. C. "Most Advanced, Yet Acceptable": Typicality and Novelty as Joint Predictors of

Aesthetic Preference in Industrial Design [J]. British Journal of Psychology, 2003(1): 111-24.

[237] Koski H., Kretschmer T. Innovation and Dominant Designin Mobile Telephony[J]. Industry & Innovation, 2007, 14(3): 305-324.

[238] Kumar N., Scheer L., Kotler P. From Market Driven to Market Driving [J]. European Management Journal, 2000, 18 (2): 129-142.

[239] Leder H., Belke B., Oeberst A., et al. A Model of Aesthetic Appreciation and Aesthetic Judgments [J]. British Journal of Psychology, 2004, 95: 489-508.

[240] Loewy R. Never Leave Well Enough Alone[M]. New York: Simon and Schuster, 1951.

[241] Larson K., Hazlett R. L., Chaparro B. S., et al. Measuring the Aesthetics of Reading[M]. Springer London, 2007: 41-56.

[242] Marinnacandi. Design as an Element of Innovation: Evaluating Design Emphasis in Technology-based Firms [J]. International Journal of Innovation Management, 2006, 10(10): 351-374.

[243] Meyvis T. & C. Janiszewski. Consumers' Beliefs about Product Benefits: The Effect of Obviously Irrelevant Product Information[J]. Journal of Consumer Research, 2002, 28(1): 618-634.

[244] Mowery D., Rosenberg N. The Influence of Market Demand Upon Innovation: A Critical Review of Some Recent Empirical Studies[J]. Research Policy, 1979, 8(2): 102-153.

[245] Moody S. The Role of Industrial Design in the Development of New Science Based Products[R]//Design and Industry. Design Council, London: 1984.

[246] Monk A., Lelos K. Changing Only the Aesthetic Features of a Product Can Affect Its Apparent Usability [M]. Home Informatics and

Telematics：ICT for the Next Billion. Springer US，2007：221-233.

[247] Mukherjee A. & W. D. Hoyer. The Effect of Novel Attributes on Product Evaluation [J]. Journal of Consumer Research，2001，28(3)：462-472.

[248] Oakley M. Design management：A Handbook of Issue & Methods [M]. Oxford：Basil Blackwell，1990.

[249] Perks H.，Cooper R.，Jones C. Characterizing the Role of Design in New Product Development：An Empirically Derived Taxonomy [J]. Journal of Product Innovation Management，2005，22(2)：111-127.

[250] Roberto Verganti. Design，Meanings，and Radical Innovation：A Metamodel and a Research Agenda [J]. The Journal of Product Development & Management Journal，2008，25：436-456.

[251] Rothwell R.，Gardiner P. Reinnovation and Robust Designs：Producer and User Benefits [J]. Journal of Marketing Management，1988，3(3)：372-387.

[252] Roberts D. Illusion Only Is Sacred：From the Culture Industry to the Aesthetic Economy [J]. Thesis Eleven，2003，73(1)：83-95.

[253] Rindova V. P.，Petkova A. P. When Is a New Thing a Good Thing? Technological Change，Product from Design，and Perceptions of Value for Product Innovation [J]. Organization Science，2007，18(2)：217-232.

[254] Souder W. E. & Shrivastava P. The Strategic Management of Technological Innovations：a Review and a Model [J]. The Journal of Management Studies，1987，24：25-41.

[255] Swann P.，Birke D. How Do Creativity and Design Enhance Business Performance? A Framework for Interpreting the Evidence [J]. Dti Strategy Unit Think Piece，2005. Rachel Cooper & Mile Press. The Design Agenda [M]. Wiley，2000.

[256] Solomon O., Semiotics and Marketing: New Directions in Industrial Design Applications [J]. International Journal of Research in Marketing, 1988, 4(3), 201-215.

[257] Trueman. Competing Through Design Original Research Article Long Range Planning, 1998, 31(4): 594-605.

[258] Talke K., Salomo S., Wieringa J. E., et al. What about Design Newness? Investigating the Relevance of a Neglected Dimension of Product Innovativeness [J]. Journal of Product Innovation Management, 2009, 26(6): 601-615.

[259] Veryzer Robert W., Hutchinson J. Wesley. The Influence of Unity and Prototypicality on Aesthetic Responses to New Product Designs [J]. Journal of Consumer Research, 24(4): 374-394.

[260] Vigneron F., Johnson L. W., Mt. M. A Review and a Conceptual Framework of Prestige-Seeking Consumer Behavior [J]. Academy of Marketing Science Review, 1999, 1.

[261] Verganti R. Design as Brokering of Languages: Innovation Strategies in Italian Firms [J]. Design Management Journal, 2003, 14(3): 34-42.

[262] Yamamoto M., Lambert D. R. The Impact of Product Aesthetics on the Evaluation of Industrial Products [J]. Journal of Product Innovation Management, 1994, 11(4): 309-324.

[263] Yoshimura Masataka, Yanagi Hisaichi. Strategies for Implementing Aesthetic Factors in Product Designs [J]. International Journal of Production Research, 2001, 39(5): 1031-1049.

[264] Ziamou P., Ratneshwar S. Promoting Consumer Adoption of High-Technology Products: Is More Information Always Better? [J]. Journal of Consumer Psychology, 2002, 12(4): 341-351.

[265] Mukherjee A. & W. D. Hoyer. The Effect of Novel Attributes on

Product Evaluation [J]. Journal of Consumer Research, 2001, 28 (3): 462-472.

[266] Di Benedetto, C. A. Identifying the Key Success Factors in New Product Launch[J]. The Journal of Product Innovation Management, 1999, 16(6): 530-544.

[267] Meyvis T. & C. Janiszewski. Consumers' Beliefs about Product Benefits: The Effect of Obviously Irrelevant Product Information[J]. Journal of Consumer Research, 2002, 28(1): 618-634.

[268] Ziamou P. & S. Ratneshwar. Promoting Consumer Adoption of High-technology Products: Is More Information Always Better?" [J]. Journal of Consumer Psychology, 2002, 12(4): 341-351.

附录 A　针对产品美学价值的设计创新调查问卷

尊敬的受访者：

您好！

非常感谢您参与本次问卷调查！此问卷调查是为了学术研究，与任何商业活动无关。为了研究的准确性，请您根据自身真实情况进行回答。万分感谢！

一、基础信息

1. 贵公司所属行业

□设计咨询与服务行业　□3C 产品行业

□家电行业　□家具行业

□交通工具行业　□玩具行业

□工业装备行业　□服装鞋帽行业

□医疗器械行业　□互联网行业

□其他(　　)

2. 贵公司开发设计新产品的主要模式

□自主创新开发设计

□模仿创新开发设计

□外包专业设计机构设计开发

□根据客户提供的需求或具体要求定制设计

□合作开发设计

□购买专利技术再创新开发设计

□公司基本不开发新产品

□其他(　　)

3. 贵公司开发新产品构思的主导源

□总裁/董事　　□战略规划部

□技术研发部　　□工业设计部

□市场营销部　　□外部市场需求

□不确定　　□其他(　　)

4. 您认为公司在新产品开发中是否重视对产品审美的设计创新

□一直很重视

□从来就不重视

□原来不怎么重视，现在越来越重视

□说不清楚

5. 您所在部门属于

□工业设计　　□工程技术

□市场营销　　□战略规划

□行政管理　　□其他(　　)

6. 您的职务

□助理职员　　□资深职员

□主管总监　　□部门经理

□总裁　　□其他(　　)

二、产品美学价值认同

1. 你觉得产品美学价值对企业的作用(可多选)

□树立产品的良好形象

□提升产品档次，增加产品附加值

□增强在同类产品的竞争力

☐未来企业获利的主要手段

☐基本没作用

☐其他(　　　　)

2. 产品美学价值的主要依靠途径(可多选)

☐工业设计　　　　☐装饰艺术

☐工程技术　　　　☐广告营销

☐公司品牌　　　　☐历史文化

☐其他(　　　)

3. 您感觉不同类型产品美学价值的重要性如何?

产品类型	美学价值重要性 (在比例之间选择)	产品类型	美学价值重要性 (在比例之间选择)
3C 产品类	0-20%-40%-60%-80%-100%	家用电器类	0-20%-40%-60%-80%-100%
家具类	0-20%-40%-60%-80%-100%	交通工具类	0-20%-40%-60%-80%-100%
玩具类	0-20%-40%-60%-80%-100%	工业装备类	0-20%-40%-60%-80%-100%
服装鞋帽类	0-20%-40%-60%-80%-100%	卫浴洁具类	0-20%-40%-60%-80%-100%
机械器械类	0-20%-40%-60%-80%-100%	工艺美术品	0-20%-40%-60%-80%-100%
办公用品类	0-20%-40%-60%-80%-100%	仪器仪表类	0-20%-40%-60%-80%-100%
工具类	0-20%-40%-60%-80%-100%	运动器材类	0-20%-40%-60%-80%-100%
日用产品类	0-20%-40%-60%-80%-100%	珠宝首饰类	0-20%-40%-60%-80%-100%
厨具类	0-20%-40%-60%-80%-100%	旅游文化类	0-20%-40%-60%-80%-100%

三、产品美学设计创新

1. 您认为在产品生命周期中哪个阶段需要通过美学设计创新加强产品竞争力(可多选)

☐研发期　　　　☐进入期

☐成长期　　　　☐成熟期

☐衰退期　　　　☐都不需要

2. 您认为产品哪些方面需要考虑美学设计创新（可多选）

□形象内涵　　□外观形态
□色彩搭配　　□内部结构
□材质肌理　　□界面设计
□交互设计　　□包装设计
□广告设计　　□展览设计
□其他(　　)

3. 您认为从新产品开发的哪个阶段开始考虑产品美学设计问题比较好

□战略规划　　□概念开发
□系统设计　　□详细设计
□测试与改进　　□销售推广

4. 您认为除了工业设计部，产品美学设计创新需要哪些部门配合（可多选）

□工程技术部　　□市场营销部
□战略规划部　　□财务部
□人事部　　□其他(　　)

5. 您认为产品美学设计创新中谁的作用最大

□总裁　　□设计总管
□技术总管　　□销售总管
□财务总管　　□客户
□其他(　　)

四、产品美学设计创新评价

您认为以下评价产品美学设计创新的主要维度及指标是否合理

评价维度	审美评价因素	是否可取
感官造型美 （是否可取：□是　□否）	形态	□是　□否
	色彩	□是　□否
	材质	□是　□否
	图案	□是　□否
	其他（　）	
功能体验美 （是否可取：□是　□否）	人机工程	□是　□否
	界面设计	□是　□否
	技术先进性	□是　□否
	交互流畅性	□是　□否
	其他（　）	
形象内涵美 （是否可取：□是　□否）	产品故事	□是　□否
	文化内涵	□是　□否
	品牌形象	□是　□否
	包装设计	□是　□否
	品位象征	□是　□否
其他（具体写明）	其他（　）	

本问卷到此结束，衷心感谢您抽出宝贵时间！

附录B　针对产品美学价值的设计创新调查数据

此次调研面向毕业于工业设计专业或设计相关专业，并且从事过或正在从事产品设计相关工作的人。其中有9年工作经验的6人，5年工作经验的4人，1年工作经验的5人。共发放调查问卷15份，回收15份，其中有效问卷15份。问卷调查内容分为基础信息、产品美学价值认同、产品美学设计创新、产品美学设计创新评价四个部分，题型均为选择题。

一、基础信息

1. 受访者所从事的行业分布情况：

设计咨询与服务行业的为6.7%，从事3C产品行业占13%，家用电器行业占13%，工业装备行业占13%，互联网行业占13%，其他占13%，交通行业占27%。

2. 公司开发设计新产品的主要模式：

自主创新开发设计占80%，模仿创新开发设计占13.3%，根据客户提供的需求或具体要求定制设计占26.7%，合作开发设计占13.3%，购买专利技术再创新开发设计占6.7%。

3. 公司开发新产品构思的主导源：

总裁/董事为主导源占13.3%，战略规划部主导占33.3%，技术研发部占20%，工业设计部占33.3%，市场营销部占6.7%，外部市场需求占 20%，不确定占 6.7%。

4. 公司在新产品开发中是否重视对产品审美的设计创新：

一直很重视占 66.7%；现在越来越重视占 13.3%；说不清楚占 20%。

5. 调查对象所属部门：

其中工业设计占 53.3%，工程技术占 20%，行政管理占 6.7%，其他类占 20%。

6. 调查对象的职务：

助理职员占 13.3%，资深职员占 40%，主管总监占 13.3%，部门经理占 6.7%，总裁占 1%，其他占 20%。

二、产品美学价值认同

1. 调查对象认为产品美学价值对企业的作用：

认为能够树立产品的良好形象占 73.3%，提升产品档次增加产品附加值占 93.3%，增强在同类产品中的竞争力占 86.7%，未来企业获利的主要手段占 40%。

2. 产品美学价值的主要依靠途径：

工业设计占 100%，装饰艺术占 40%，工程技术占 33.3%，广告营销占 33.3%，公司品牌占 46.7%，历史文化占 26.7%。

3. 不同类型产品美学价值的重要性：

3c 产品类：40%-60% 的占 13.3%，60%-80% 的占 66.7%，80%-100%的占 20%；

家用电器类：40%-60% 的占 20%，80% 的占 60%，80%-100% 的占 20%；

家具类：0-20% 的占 6.7%，20%-40% 的占 6.7%，40%-60% 的占 26.7%，60%-80%的占 40%，80%-100%的占 20%；

交通工具类：0-20%的占 6.7%，40%-60%的占 6.7%，60%-80%的占 53.3%，80%-100%的占 33.3%；

玩具类：20%-40%的占 6.7%，40%-60%的占 13.3%，60%-80%的占 60%，80%-100%的占 20%；

工业装备类：0-20%的占 33.3%，20%-40%的占 13.3%，40%-60%的占 46.7%，60%-80%的占 6.7%；

服装鞋帽类：40%-60%的占 6.7%，60%-80%的占 40%，80%-100%的占 53.3%。

卫浴洁具类：0-20%的占 6.7%，20%-40%的占 6.7%，40%-60%的占 53.3%，60%-80%的占 26.7%，80%-100%的占 6.7%；

机械器械类：0-20%的占 26.7%，20%-40%的占 20%，40%-60%的占 33.3%，60%-80%的占 13.3%，80%-100%的占 6.7%；

工艺美术类：20%-40%的占 6.7%，40%-60%的占 13.3%，80%-100%的占 80%；

办公用品类：0-20%的占 6.7%，20%-40%的占 6.7%，40%-60%的占 33.3%，60%-80%的占 53.3%；

仪器仪表类：0-20%的占 26.7%，20%-40%的占 6.7%，40%-60%的占 46.7%，60%-80%的占 20%；

工具类：0-20%的占 20%，20%-40%的占 40%，40%-60%的占 26.7%，60%-80%的占 13.3%；

运动器材类：20%-40%的占 46.7%，40%-60%的占 13.3%，60%-80%的占 40%；

日用产品类：20%-40%的占 6.7%，40%的占 6.7%，40%-60%的占 20%，60%-80%的占 53.3%，100%的占 13.3%；

珠宝首饰类：40%-60%的占 6.7%，60%-80%的占 20%，80%-100%的占 73.3%；

厨具类：20%-40%的占 13.3%，40%-60%的占 53.3%，60%-80%的占 26.7%，80%-100%的占 6.7%；

旅游文化类：20%-40%的占 6.7%，40%-60%的占 13.3%，60%-80%的占 40%，80%-100%的占 40%；

三、产品美学设计创新

1. 产品生命周期中哪个阶段需要通过美学设计创新加强产品竞争力：

研发期 80%，进入期 33.3%，成长期 60%，成熟期 46.7%，衰退期 33.3%。

2. 产品哪些方面需要考虑美学设计创新：

形象内涵占 60%，外观形态占 100%，色彩搭配占 93.3%，内部结构占 33.3%，材质肌理占 93.3%，界面设计占 100%，交互设计占 100%，包装设计占 86.7%，广告设计占 60%，展览设计占 66.7%。

3. 新产品开发的哪个阶段开始考虑产品美学设计问题比较好：

战略规划占 13.3%，概念开发占 46.7%，系统设计占 13.3%，详细设计占 40%。

4. 调查对象认为除了工业设计部，产品美学设计创新最需要配合的部门

工程技术部占 60%，市场营销部占 46.7%，战略规划部占 33.3%，财务部占 6.7%，其他部门占 6.7%。

5. 产品美学设计创新中谁的作用最大：

总裁占 20%，设计主管占 73.3%，客户占 20%，其他占 6.7%。

四、评价产品美学设计创新的主要维度及指标

评价维度	审美评价因素	赞同比例
感官造型美（可取：100%）	形态	100%
	色彩	100%
	材质	100%
	图案	100%

续表

评价维度	审美评价因素	赞同比例
功能体验美 （可取：93.3%）	人机工程	86.7%
	界面设计	100%
	技术先进性	73.3%
	交互流畅性	86.7%
形象内涵美 （可取：100%）	产品故事	80%
	文化内涵	100%
	产品标志	93.3%
	包装设计	100%
	品位象征	80%
其他(无补充)